都心の生物
博物画と観察録

中野 敬一 著
中山 れいこ 編集・解説

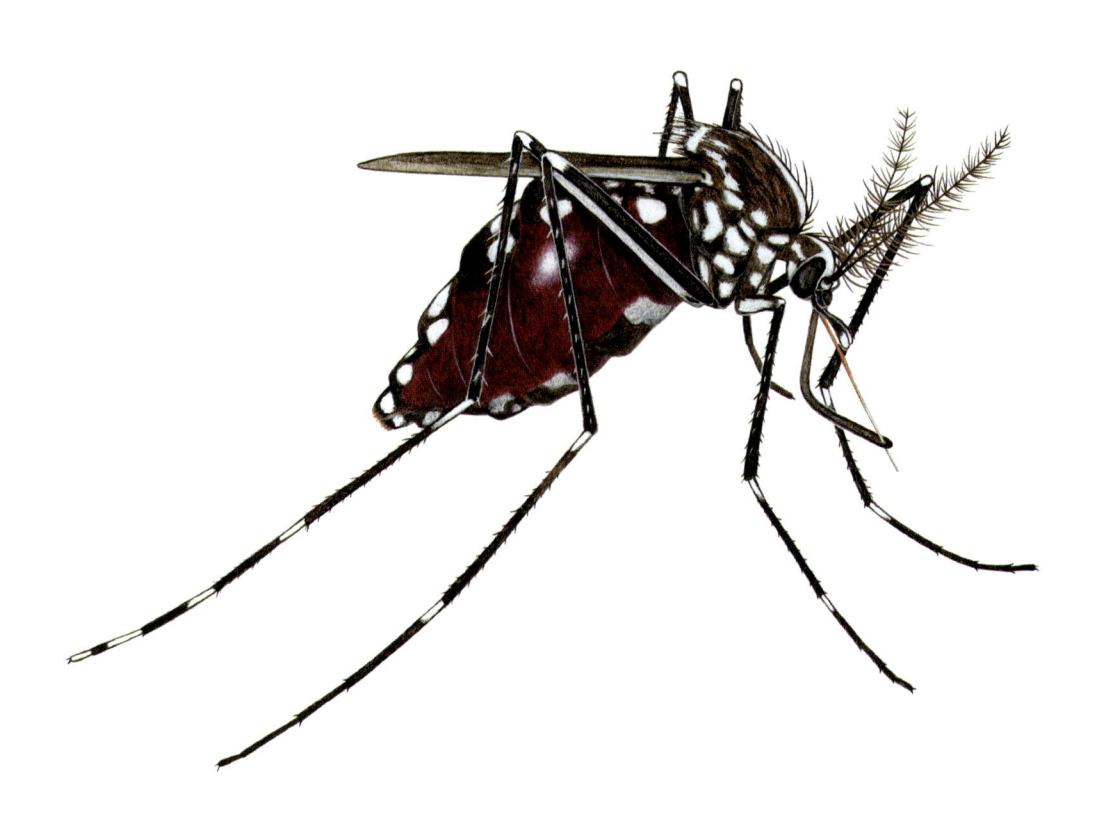

はじめに

私は、東京都の港区に数年を除いてかれこれ50年住んでいます。港区はこれまでも六本木、赤坂、青山などが有名でしたが、現在は台場や汐溜、虎ノ門などの大規模開発が進んで、超都心化しています。

私の原風景

私は子どもの頃から虫が好きです。

正確にいえば、昆虫類を中心とした無脊椎動物です。一時は爬虫類や両生類も好きでした。

私にとっての自然は、攪乱された自然である都市であり、具体的には家の近くの青山霊園や空き地の草っぱらと、そこの小動物。そして、室内外で発生し、何もしなくても向こうからやってきて影響を与えた衛生害虫でした。

そのためか、私は訪れたことのある屋久島や熱帯雨林のような原生林、尾瀬湿原やさんご礁のような豊かな自然よりも、現在まで住み続けた港区の身近な環境にいる生物にリアリティを感じています。

生物多様性という言葉も、生態学的な意味から社会的、経済的な意味に複雑多様化していますが、豊かな自然環境は、知識として理解しても、私にとってはバーチャルな自然であって、毎日の通勤経路や公園で見つかる虫や雑草の方が、身の丈にあった現実の自然なのです。

私の自然観

幼少期の私は、子どもどうしの人間関係を作るよりも、1人遊びが好きでした。そのため、幼稚園も学校も私にとっては、自由を奪い拘束する収容所のように思えました。

物心がついた頃から、心の中に堅牢な自分の世界を構築し、他者との交流が少なくてもそれほど支障のない性格を築いてしまった私は、人間関係の不足分をどこかで補充する必要があって、そのための道具立てを「虫」が代表する自然的なものに求めたように思います。したがって、私にとっての「虫」は単なる趣味や研究対象ではなく、私の精神構造の一部を占める重要な要素なのではないかと考えています。

墓地や空き地、家の周りの自然や虫は、孤独で退屈な私にとって心からの友人でした。今の時代ならば、ゲームやパソコンなどのバーチャルな世界に夢中になるのかもしれません。

運動嫌いや体力不足の悪循環もあり、「虫」をライフワークとして、過不足なく生活できることは、今となってみれば幸運でした。

墓地・空き地の自然

子どもの頃はよく、青山霊園の草いきれの中を走り回っていました。そこにはブタクサ、ケアリタソウ、オオアレチノギク、ヒメムカシヨモギ、ハルジオン、ヒメジョオン、セイヨウタンポポなど帰化植物の群落がありました。

1964年の東京オリンピック以前、日本が高度成長を始めた頃、青山霊園は森のような景観で、豊富な地下水を有し、現在の環状道路まで敷地がありました。現在、歩道になっている部分が当時の車道であったように記憶しています。交通量が非常に少なかったのです。

町には防火用水槽や井戸水が多く、井戸水を日常的に使用していました。町並み自体も農村に近かったのかもしれません。当時、水道はしばしば断水することがあって、母が近所のおばさんたちと井戸水を汲む光景を思い出します。

家の周辺にはやたらと子どもが多かった気がします。私は引っ込み思案で不安が強く、わがままな子どもだったのですが、当時の子どもたちはそういう存在をも許容し、一緒に遊んでくれました。秋にはみんなで墓地の斜面に群生していたキクイモの根を掘り取りました。

プールのような防火用水槽の隣にあった児童遊園には湧水が流れ、イトトンボが飛んでいました。身近にいた昆虫の種類や量も多く、オニ

ヤンマ、ギンヤンマ、チョウトンボそしてシオカラトンボにアカトンボなどが数多く見られ、墓地などにあった草っぱらには、トノサマバッタやショウリョウバッタが飛び回っていました。墓地にあったエノキを「タマムシの木」と呼んで、タマムシが欲しくてよく見に行き、ヒグラシのカナカナという鳴き声を、お化けが鳴いていると恐れていた記憶があります。

忌避剤が普及していなかった当時は、ヒトスジシマカなど数種類のヤブカにやたらと刺され、刺された箇所を掻き壊して化膿し、おできになって痛い思いをしました。

1964年の東京オリンピックにむけて、青山霊園の周囲を切り崩して作った環状道路に、おびただしい地下水があふれ出し、巨大な水たまりができたことがあって、大量のヤゴが発生し、バケツ一杯採集した記憶があります。

小学校以降

笄小学校という面白い名前の小学校に入学した年がオリンピックでした。私としては、オリンピックへ向けての工事以降、墓地をはじめ周辺の自然環境が急激に変化して、劣化したことの方が思い出深く、タマムシもトノサマバッタもいなくなったように思います。

その後も墓地の改変があって更に自然環境が変わり、青山霊園のカラタチに多数のゴマダラカミキリや、立山墓地の老木から多数のウスバカミキリが発生したこと、墓地沿いのガードレールに多数のクビキリギスがとまっていたことなどの現象を目にしたあと、近辺の生物相はより一層貧弱になりました。

しかし、カブトムシなどの甲虫は「千葉のおばさん」と呼んでいた野菜や果物を売りにくる女性から購入していました。

小学校高学年の時、隣の学区域の青南小学校で行われた「科学教室」に参加し、水質によるウキクサの発生状況を調べました。今思えば生態学的な実験で、この教室では水草や化石の採集など、結構有意義な経験をさせてもらいました。

その頃は、「ゴジラ」など、映画やテレビで見た恐竜風の怪獣の影響だったのか、爬虫類や両生類を好むようになって、地面に転がった石や倒木、板などをひっくり返してトカゲを探していました。その結果、大型土壌動物のアリ、ゴミムシ、コガネムシの幼虫、ミミズ、コウガイビル、ナメクジ、ダンゴムシ、陸産貝類などと共に、もやしのような雑草の芽を観察しました。トカゲ、ヤモリ、トノサマガエル（おそらくトウキョウダルマガエル）、アマガエル、イモリ、さらにヤマカガシ、デパートの屋上にあったペットショップで購入した、外国産のイモリ、アノールトカゲ、キノボリトカゲなど、結果的には飼い殺しでした。熱帯魚や三浦海岸の潮溜りで採集した海水魚も飼育しましたが、餌の供給や周辺的な知識の蓄積は、学校の勉強を深めたり、学者になろうとする考えをもつなどの積極的な方向には至りませんでした。

港区立高陵中学校に進み、SF小説や映画にも興味をもつようになりました。また公害や環境問題がクローズアップされた時代で、レイチェル・カーソンの「沈黙の春」や、有吉佐和子の「複合汚染」に影響されました。高校は、植物や自然に触れられるという点で素晴らしい環境の、東京都立園芸高等学校で学びました。

大学は、日本大学の農獣医学部（普通ならば農学部と称するところ）の農学科に進学しましたが、農業技術や実習については園芸高校の方が環境が整い、レベルが高かったと思います。

動植物研究会というクラブに所属し、当初両生・爬虫類班に入りましたが、その後植物班に移って樹木を調べました。これが植物同定能力に大きく影響したと思います。

毎夏、山で調査をするのが主な活動であり、群馬県の武尊山や屋久島、奄美大島、三宅島など

に出かけて、実際に生態学的な調査体験やキャンプができたのは有意義でした。

しかし、それほど体制が整って学術的な内容をしていたわけではなく、毎回親睦か調査かが問われるような状態でした。仲間には教師になった人は多く、職業的な研究者も数人います。

研究室は応用昆虫学研究室。当初は拓殖学第5研究室という名称でした。驚いたことに農学科ではなく、ほどなく農学科に移りました。教員は石原廉教授で、昆虫病理学のカイコの微粒子病（ノゼマ・ボンビシス）の専門家でした。東大の博士で俊英、農業環境技術研究所を退職してカナダの研究所へ行かれたそうです。

現在は、応用昆虫学研究室の教授である岩野秀俊先生が助手でした。当時、研究室の業績を上げるための委託研究をすることもなく、研究室がシステム化されていない分、自由な状態の研究室で、石原先生は私に野外の鱗翅目昆虫からノゼマを検出させたいと考えておられたようですが、私は大型土壌動物の採集をしていました。先生は放任、あるいは指導がめんどう、またはできないと思っておられたのか、自由な分、私のようなものも居させてくれたのだろうと思います。後日、東京農業大学昆虫学研究室に行ったことがありましたが、そこの雰囲気や研究内容では、所属できなかっただろうと思いました。

研究室時代から同期で、現在は（株）エフシージー総合研究所、暮らしの科学部部長の川上裕司氏には大変お世話になっています。しかし、私はそれに十分答えることができておらず、申し訳なく思っています。

就職、これが難問でした。当時の学校はそれほど積極的な指導はしません。教職は取ったものの教師になるつもりはなく、職安の貼り紙にあった害虫の防除会社に就職しました。

大手ではないため、営業職的な色彩が強く、深夜作業や殺虫剤散布の作業が多い、いわゆる3K職場でした。会社としては、幹部候補生的に破格の待遇をされ、一時、神戸大学農学部の昆虫研究室の研究生になり、奥谷禎一先生からご教授いただいた研究テーマ「衛生害虫・家屋害虫」への方向が決まったような気がします。

当時母が脳腫瘍で入院していたこともあって、身体も精神ももたず退職しました。

退職後再び、日本大学の研究室で研究生として1年間お世話になりました。

会社に勤めていた時にお世話になった、当時の東京都立衛生研究所のダニの専門家、吉川翠さんに勧められて公務員試験を受けました。

保健所に入ってからは、虫や衛生的なことに対応するという意義を感じました。ひとつには吉川さんをはじめとする社会的な宣伝の影響を否定できませんが、当時は室内塵性ダニによる虫刺されが社会的に問題になっていました。

室内のほこりからのダニの検出、室内の不快害虫の同定や相談などにも対応しました。

大学の頃から、方法論が釈然としていなかったのですが、「論文」を書きたいという欲求が常にあり、ビルの屋上の高置水槽で発生したユスリカ幼虫の事例をはじめとして、住民の方や管理者に支障のないように調査をし、少しずつ「論文」らしきものを書くようになりました。

本格的に書くようになったのは、1997年から1999年の2年間、青年海外協力隊で中米ホンジュラスへ参加して、昆虫媒介動物対策局の職員と一緒に働くという機会を得ることができたことが大きいのですが、仕事にも結びつかず、学会のトレンドにも関係なく、身近な虫の観察、虫による郷土史にこだわり続けています。

協力隊の参加は港区、そして保健所の方々の理解と支持のおかげです。

自然の知識

子どもの頃の自然についての知識は、ほとん

ど本から得たものでした。
　小学館の「昆虫の図鑑」は、私にとってのバイブル、北隆館のミニ図鑑の「幼虫」「爬虫類・両生類」も好きでした。6年生の時に北隆館の「毒虫の話」を読み、衛生害虫と殺虫剤の基本を理解しました。小学校低学年の時の担任は、戦前の教育が色濃く残る女性教師でえこひいきをし、私は嫌われていました。しかし植物、特に園芸植物の知識が豊富で、この人のおかげで人里の植物(雑草)の知識が増えたと思っています。

　私はかなり幼少時から基本的な分類の基礎や形態学的な識別をほぼ身につけていました。しかしチョウやセミ、トンボ、甲虫などの一般的な昆虫の採集と標本には興味をもてず、分類の詳細を極める方向には至りませんでした。
　興味をもてたのは、バッタなどが植物を貪り食い、それらの植物が見る間に消失する光景。そして水槽などに虫などの生きものを閉じ込める飼育でしたが、多くの子どもたちと同様、飼い殺しの繰り返しでした。子どもの頃の私が適正に飼育環境を整えて、継続的に飼育することができた生物は、ほとんどいなかったと思います。

特異的に記憶している話題

　子どもの頃の衛生害虫や衛生学的な話題を特異的に記憶しています。たとえば当時のテレビで、ゴキブリがポリオを媒介することやアオバアリガタハネカクシが新しく開発された住宅地で大発生して線状皮膚炎を生じさせたこと。また学研の雑誌の副読本に日本住血吸虫症の話があって非常に興味深かったのです。
　私の育った住居は青山霊園の谷部分、地下水位が高い土地に位置し、おそらく関東大震災後に建てられたと思われる老朽化した木造長屋の一画にありました。
　私が衛生害虫に関心が高いのは、子どもの頃からの実体験が豊富なことです。つまり、その頃の多くの家庭同様、衛生害虫のワンダーランドだった室内で、それらの生物に興味をもって観察していたことが大きいのです。
　私が中学生くらいだった1970年代の初め頃、アルミサッシやエアコンなどが一般家庭に普及し始めましたが、東京の都心の家でさえ、ハエが家の中を飛翔していたために、TVでも殺虫スプレーの宣伝を盛んにしていました。
　クロゴキブリとヤマトゴキブリが室内で発生していたし、夏にはカの他に放し飼いにしていたネコからのネコノミによる虫咬症に著しく悩まされていました。
　すでに電気掃除機はありましたが、ノミの幼虫が育つ畳の隙間やカーペットのほこりに十分対応ができず、くん蒸剤をたいても大して効果がなかったらしく、白い小さな球のようなネコノミの卵が家の中に見られました。
　高校生くらいからアレルギー性鼻炎と思われる症状が顕著になったので、室内塵性ダニが大量に存在する環境だったのでしょう。そして気にしなければ目立たないノシメマダラメイガ、ヒメマルカツオブシムシ、ニセセマルヒョウホンムシなどの、屋内害虫の自然博物館状態でした。
　2006年頃、メンタルヘルスのリハビリに、以前一度見たアトリエモレリの展覧会を思い出して、アトリエでの博物画教室に通うようになりました。身近な生物を飼育・観察して博物画を描くようになって、博物画だけではなく「適正に飼育環境を整えて、生きものを継続的に飼育すること」を学び、生きものに対する理解を深めるとともにメンタル的に救われたような気がします。
　この本では、都心の街における虫の発生状況を観察しながら描いてきた、故郷「東京都港区」の昆虫や植物の博物画と共に、都市温暖化などについて考えてきたことを書き、都市でも自然観察ができることを紹介しました。

2015年5月　中野　敬一

もくじ

はじめに ... 2
もくじ ... 6

写真：早春の公園 ... 8
博物画：オオイヌノフグリ ... 9
ハルノノゲシ ... 10
ミチタネツケバナ ... 11
ナガミヒナゲシ ... 12
オッタチカタバミ ... 13
カラスノエンドウ ... 14

都心の春の植物
冬を越すロゼット ... 15
早春に咲くオオイヌノフグリ ... 15
都心の春の草花の色 ... 15
つる植物 ... 15
他者に依存する方法 ... 15

都市の植物
都市のつる植物 ... 16
都心の緑化植物 ... 16

街路樹
街路樹の歴史 ... 17
街路樹のはたらき ... 17
プラタナス ... 17

博物画：プラタナスグンバイ ... 18
写真：モミジバスズカケノキ ... 19

東京都港区におけるプラタナスグンバイの
目視観察　2004年6〜8月 ... 20

プラタナスグンバイ成虫の越冬状況
2007年2月
調査場所：調査方法：調査結果 ... 21

博物画：ヘクソカズラ ... 22
ヘクソカズラグンバイ ... 23

雑草について
身近な雑草の見方 ... 24

公開空地や緑地と雑草
空き地などの雑草管理 ... 25
雑草を生やさないために？ ... 25

都市の植物の変遷
街路樹を生物として見る ... 26

都市温暖化
都市気候（urban climate） ... 27
港区の環境 ... 27
都市装置としての緑 ... 27

緑地や街路樹の外来種、益虫と害虫
ヒトと昆虫の利害関係 ... 28

博物画：ツゲノメイガ 幼虫 ... 29
ツゲノメイガ 成虫 ... 30

アオドウガネの都市での生態 2002〜2015年
暖かい地域からやってきた ... 31
天敵 ... 31
農作物のない都心でなぜ増える？ ... 31

博物画：アオドウガネ 成虫 ... 32
アオドウガネ 幼虫 ... 33

都心における不快害虫
空き地や緑地からの不快害虫の発生 ... 34
港区内で発生した事例 ... 34

博物画：ヒメナガカメムシ 幼虫 ... 35

都市害虫
衛生害虫：不快害虫：生活害虫 ... 36

博物画：ノシメマダラメイガ 成虫 ... 37

ヤブカ調査用オビトラップに産卵する
ガガンボ科の一種　2006〜2008年
新称ニッポンアシワガガンボの観察　2010年
ガガンボ科の昆虫 ... 38
飼育 ... 38
各成長段階の大きさ ... 38
2010年の室内飼育 ... 38
飼育状況 ... 38

博物画：ニッポンアシワガガンボ 成虫 ... 39
ニッポンアシワガガンボ 幼虫 ... 40

ハナアブ 幼虫 ... 41

都市装置の中の生物 Ⅰ.カ
都市害虫の中で特に気になるのは「カ」... 42
カが媒介する感染症 ... 42

カが媒介する病気
最も大切なことは、刺されないこと ... 43

ヒトスジシマカ
感染症の媒介 ... 44
生態 ... 44
魚がすむような池などにはいません ... 44
子孫繁栄の技 ... 44

博物画：ヒトスジシマカ 成虫 ... 45
ヒトスジシマカ 幼虫 ... 46

ヒトスジシマカ生息調査
2000年5～11月 ... 47

オビトラップによるヤブカ生息調査
2002～2011年
2000年の調査結果 ... 48
調査上の注意点 ... 48
2002～2011年、10年間の調査 ... 48
月別の平均産卵数と累積平均産卵数 ... 48
10年間ヤブカの調査をして ... 48

博物画：アカイエカ 幼虫 ... 49

ライトトラップによるカの生息調査
2004～2005年
カの調査に光は必要ない ... 50
様々な方法での調査 ... 50

ヒトおとり法によるヒトスジシマカの捕獲調査
2005年6～11月 ... 51

集合住宅の雨水枡におけるカの生息調査
2004年5～11月
調査場所：調査方法：調査結果 ... 52

家庭用殺虫剤スプレーによる雨水枡対策
2006年5～11月
雨水枡対策 ... 53

カの防除対策を考えて ... 53
調査場所：調査方法：調査結果 ... 53

粘着トラップによる雨水枡の昆虫生息調査
2007～2008年
簡便な雨水枡の昆虫生息調査の試み
雨水枡の形 ... 54
調査方法 ... 54
調査結果：捕獲数と種類 ... 54
捕獲数の多いハエ目昆虫 ... 55
ピリプロキシフェンの影響 ... 55
カ類の捕獲状況 ... 55

都市装置の中の生物 Ⅱ.ユスリカなど
飲料水用高置水槽に発生したユスリカ ... 56

飲料水系貯水槽と昆虫の発生について
港区内で昆虫などが発生した事例 ... 57
港区以外での事例など ... 57

都市の水環境の管理
貯水槽の防虫構造 ... 58
プールの場合 ... 58

博物画：アベリア ... 59

都市装置の中の生物
Ⅲ.水路際の緑地に発生する昆虫
ハエ誘因トラップによる緑地の昆虫生息調査
2005年6～10月
調査場所：調査方法：調査結果 ... 61

自然地形活用型庭園を引き継いだ緑地
国立科学博物館附属自然教育園 ... 62
港区緑と生きもの観察会・調査会 ... 62

博物画：アブラゼミ ... 63
ミンミンゼミ ... 64

さくいん ... 65

あとがき：中野 敬一 ... 66
あとがき：中山 れいこ ... 67

参考文献 ... 68

早春の公園

タンポポとオオイヌノフグリ

オオイヌノフグリ

2014.5.10

Veronica persica Poir.

×2.4

ゴマノハグサ科　帰化植物

秋に芽を出し1〜4月に多数の花をつけ夏の間は種子で過ごす2年草

花弁数／4裂の合弁花
花径／1cmほど
草丈／15〜30cm
分布／ほぼ全国
原産地／西アジア、中近東原産の越年生

＊道端や畑の畦道などによく見られ、他の植物が繁茂しない冬に横に広がって育ち、早春に花を咲かせて種子を落とし、春の終わりには枯れます。肥沃地を好みますが、土壌水分や土壌の種類に対する適応性が大きい植物です。

採集　虫が少ない早春に咲く、可憐な花です。採集・観察して描きました。

生態　1887年東京で確認され、20数年後の大正時代の初期には、全国に拡大。
　虫媒花で雄しべは2本、花の中心にある蜜でハチやハナアブ、チョウなどの虫を誘い、自家受粉も可能です。和名の由来は果実の形。

人との関係　早春から青い花を咲かせ、春の訪れを感じる植物のひとつ。

ハルノノゲシ

Sonchus oleraceus L.

2009.5.9

×0.8

キク科

秋に芽を出し 2〜5月に花をつける

標準和名／ノゲシ
花弁／タンポポに似た、舌状花だけの頭花
花径／2cm ほど
草丈／50〜100cm
分布／現在は世界中に分布
原産地／ヨーロッパ原産

＊日当たりのよい草地や路傍などによく見かけます。
苦みはありますが、平安時代くらいから
若い葉を食用にして、ニガナとも呼ばれています。
健康茶の材料にもされます。
初夏になると葉が、ハモグリバエによって食害されたり、
うどんこ病にかかって枯れてきます。

採集 春先、道路際の植え込みなどで急速に成長します。黄色の頭花は、タンポポと間違われることもあります。採集・観察して描きました。

生態 はるか昔から、全世界に帰化している世界種。茎を切ると、タンポポと同じように白い乳液が出ます。
　同属のオニノゲシに似ていますが、葉の基部が細長い三角状です。オニノゲシの葉は、基部が丸くなっていて縁はトゲ状です。

ミチタネツケバナ

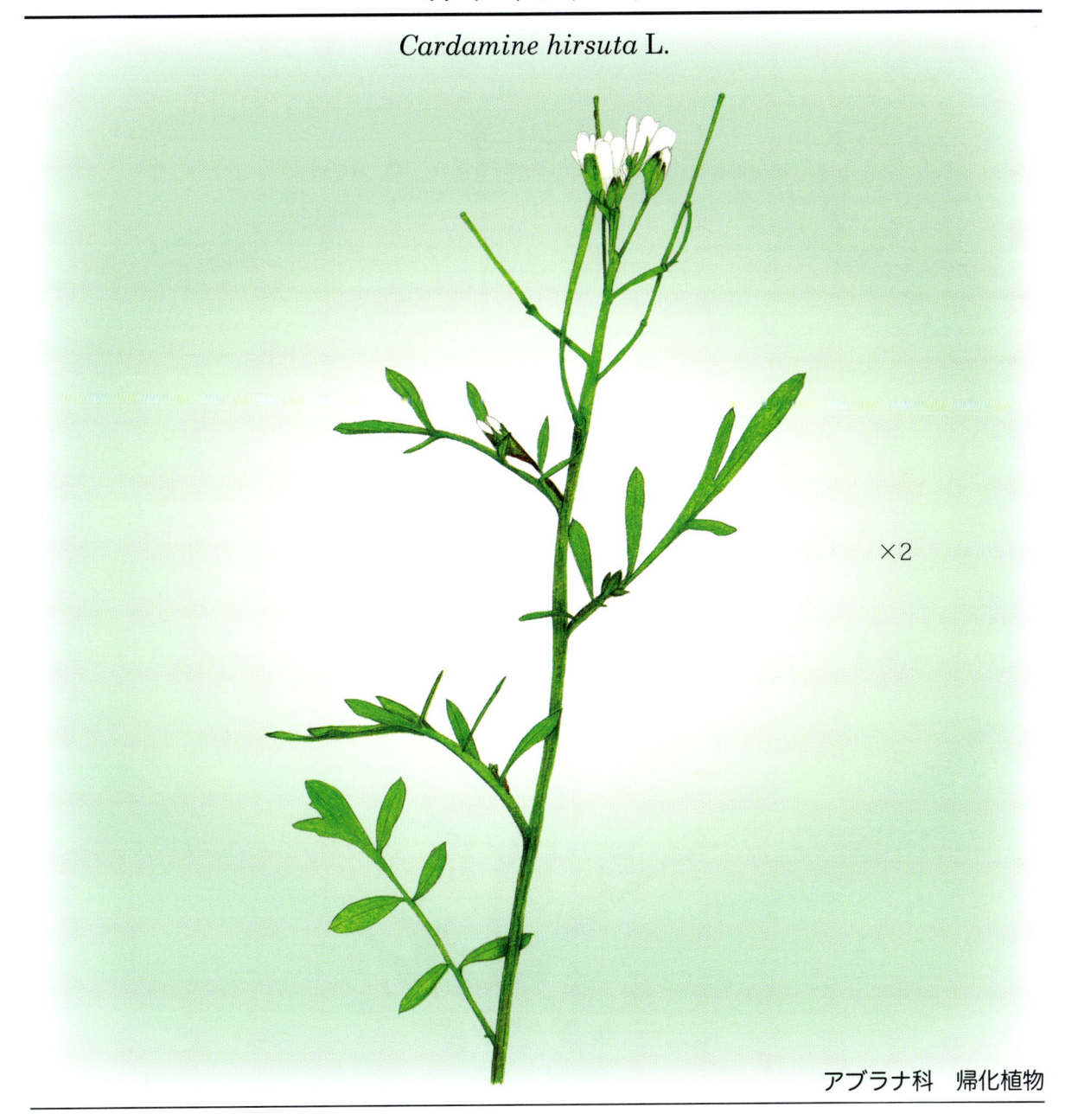

Cardamine hirsuta L.

2012.5.12

×2

アブラナ科　帰化植物

秋に芽を出し 2〜4月に多数の花をつけ夏の間は種子で過ごす越年草または1年草

花弁数／4枚、十字状に開く
花径／4mm前後
草丈／10〜30cm
分布／現在では各地で野生化
国外では、ヨーロッパから東アジアに分布

＊1992年に宮城県から日本海側にかけて侵入が報告され
関東地方など太平洋側にも定着、
すでに広く分布していると考えられています。

採集　公園や道端に、小さな白い花を見つけ、採集・観察して描きました。

生態　近縁の在来種で、水田や水辺などで多く見られるタネツケバナと姿がよく似ていますが、庭園や芝生、道端で見られます。本種は開花が早く茎や葉が無毛で、根の際に生えて地面に広がる根生葉が、果実の実る時期にも枯れないことで識別されます。

人との関係　タネツケバナの仲間は多く、水辺付近で多く見られますが、本種はやや乾燥した場所に生えることが和名の由来です。

ナガミヒナゲシ

Papaver dubium L.

2007.7.14

×0.4

ケシ科　帰化植物

秋に芽生えて4〜5月に花が咲く
風や動物、人間により伝播

花弁数／4枚
花径／3〜6cm
草丈／20〜60cm
分布／日本全国に広く分布、越年生
原産地／地中海地方、アメリカやアジアに帰化

＊1961年、東京都世田谷区で初めて確認。一つの果実に約1600粒の種子があり、根と葉に周辺の植物の生育を強く阻害する成分を含む物質をもつことが知られ、各地の車道沿いや市街地、野原や荒れ地、河原などで生育しています。

採集　春先、コンクリートの隙間からも生えて、可憐なオレンジ色の花が目立ちます。採集・観察して描きました。

生態　温暖で日当たりの良い、乾いた肥沃地を好み、増殖力が旺盛なために、近年急速に分布を拡大し[1]、地域によっては排除が検討されています。

人との関係　栽培しやすく、放っておいても生えてきます。排除には、秋のロゼット(P.15)を刈るか、花後すぐ果実を取るか刈ります。

[1] 微小な種が車のタイヤで運ばれると推察されるように、車道沿いに広がっています。

オッタチカタバミ

Oxalis dillenii Jacq.

2014.7.12

×1.3

カタバミ科　帰化植物

5〜10月に多数の花をつける多年草
秋には枯れ、春に芽生える

花弁数／5枚
花径／1〜1.5cm
草丈／10〜50cm
分布／関東北部以西
原産地／北アメリカ

＊カタバミとは違い、花茎が一カ所で枝分かれをして順番に咲き、葉も茎からまとまって出ています。

採集　道端で咲く黄色い花がやけに目立ち、従来からあるカタバミとは違う様子なので、採集・観察して描きました。

生態　1962年に京都府で見つかり、現在では各地に分布します。カタバミの茎が地表をはうのに対して、水平に伸びる地下茎から茎が縦に立ち上がる姿が和名の由来。

人との関係　カタバミとは違い、人の踏みつけには弱いようです

カラスノエンドウ

Vicia sativa L. subsp. *nigra* (L.) Ehrh.

2010.5.8

×1.2

マメ科

3〜7月に多数の花をつけ 花の後には、莢をもつ実をつける

標準和名／ヤハズエンドウ
花弁数／蝶形合弁花、1枚の大きな花びらと
大きさの違う2種類各2枚の花びら
花径／10〜12mm、長さ12〜18mm
草丈／40〜50cm
分布／本州、四国、九州、沖縄
原産地／古代ギリシャから地中海
日本には9世紀頃に中国を経て渡来

＊つるを伸ばして近くのものに絡みつくこともありますが
ほぼ直立して1m50cmくらいまでになり、
葉は羽状の複葉で、8〜14枚の小葉が1組になります。

採集 可憐で美しい赤紫色の花[1]が咲きます。採集・観察して描きました。

生態 春先に、みずみずしい緑が目立ち、野原や土手、空き地など日当たりの良い場所に生えるマメ科の雑草。若い莢は緑色ですが、豆が熟すと黒くなります。

人との関係 凶作の年などには豆を食べたといわれています。

(1) 花のつけ根に「花外蜜腺」をもつので、蜜を求めてアリが集まり、ほかの昆虫を寄せつけないとされていますが、都市公園ではアリよりもアブラムシが集まっています。

都心の春の植物

3月に入り啓蟄が過ぎると、日だまりに冬越しをした生きものを目にするようになります。

植物には茎が木質化する木本植物と、茎が木質化しない草本植物があって、木本植物の街路樹の下や公園では、秋に芽生えて冬越しをた草本植物のロゼットに出会います。

冬を越すロゼット

地中から直接植物の葉を放射状に出したり、あるいはそれに近い状態になっていたりして、地上茎が無いか極端に短い状態をロゼット、そのような状態の葉を根出葉、あるいはロゼット葉とも呼びます。

秋に芽生え、冬期間ロゼット葉を広げて過ごす植物は多く、タンポポのように終生ロゼット葉だけしか出さない植物のことは、ロゼット型植物と呼びます。

早春に咲くオオイヌノフグリ

秋に芽を出して冬を越す植物の多くは、ロゼット状の葉を地面に広げていますが、オオイヌノフグリは秋に芽生えて茎は株元で分かれ、地面をはって生長します。茎や葉に生えた短い毛が霜や雪を遠ざけて冬を越す耐寒性の仕組みをもつ、ヨーロッパ原産の雑草です。

早春の暖かい日に、思いついて日だまりを探すと可憐な青い花に出会います。

都心の春の草花の色

植え込みや道路の隙間に、ロゼット状で冬越しをしたセイヨウタンポポ、ハルノノゲシ、ダンドボロギク、オニタビラコなど、黄色の目立つ花を咲かせるキク科の植物が咲き始め、白い花を咲かせるミチタネツケバナ、早春に芽吹いたハコベなどが急速に成長して春の訪れを感じます。これらの雑草は、夏の雑草のように繁茂しないので、春の公園や道端は、あまり見苦しくならず、野の花の可憐さに心が和みます。

つる植物

一般の植物の多くは幹や茎、枝が硬く自立し、葉を太陽の光に向けて広げています。

つる植物は自立する器官が柔らかく、周囲の樹木や岩壁によじ登るための独特の器官を発達させて、高いところへ茎を伸ばして葉を広げ、巻きついた植物などの表面をおおいます。

つる植物にも木本植物と、草本植物があって、周囲の物へ茎そのものが巻きつく以外に、様々な方法をとって他者に依存して成長します。

都市温暖化の緩和や景観のために行われる壁面緑化では、ゴーヤをはじめとする草本のつる植物が利用されています。

他者に依存する方法

1. 茎そのものを他者に巻き付ける
   a. 木本のつる植物の代表はフジ、ほかの植物に茎を巻きつけて成長します。秋に葉を落としますが茎は枯れず、毎年太くなって茎が木質化します。
   b. 草本で茎を巻きつけて成長する植物は、アサガオの仲間など。

2. 巻きひげ
   a. 他者に巻きつくために、紐状の構造をしていて、葉の先から出ていたり根元から出ていたりと様々で、枝分かれしたようなものもあります。
   木本ではブドウ、茎は他者に巻きつき、葉の元の巻きひげで、細いものにもしっかり巻きつきます。
   b. 草本では、ヤブガラシ（P16）やカラスノエンドウなどの雑草。
   栽培品種では、エンドウやキュウリなど。

都市の植物

3. とげやかぎ
a. 茎や葉にとげやかぎを引っかけて他者に登る植物もあって、トウ細工に使われる熱帯雨林のトウ類は、茎に大きなとげが並び、葉にもとげがあります。そして葉先にはつるももちます。
日本ではつる性低木のノイバラの仲間など茎一面にとげが生えています。

4. 付着盤
a. ツタ類の巻きひげの先端には付着盤があって、ほかの植物や壁面などにはりつきます。

5. 付着根
a. 茎から根を出して、はりつくことではい上がって、ほかの植物や壁面などにはりつきます。セイヨウキヅタなどがあり、他者に巻きつかなければ、地面を匍匐します。

都市のつる植物

都市では、ツツジやシャリンバイ(P.25)などの植え込み、フェンスや樹木に、ヘクソカズラ(P.22)、ヒルガオ、ヤブガラシ、ヤマノイモ、ナツヅタ、ノブドウ、イケマなどが葉を広げています。この中で、ヤブガラシの花の小さな集散花序には、チョウやハチ、ハエなど多数の昆虫が吸蜜に訪れます。

ヤブガラシの花

都心の緑化植物

夏期、都心のビルの表面温度は70℃にも達するとされています。そのために窓をつる植物でおおう緑のカーテンで、日光をさえぎったり和らげたりすることで室温の上昇をおさえ、植物の間を通り抜ける風で家の中を快適にすることなどが注目されています。

街路樹やビルの公開空地[1]、公園などの樹木などによっても街の温度上昇がおさえられます。都市では、失われた緑の創出のために街路樹は無くてはならない存在なのです。

(1) 建造物の敷地内で、一般に開放された自由に通行または利用できる区域のこと(建築基準法の総合設計制度)。

街路樹

街路樹のはたらき

　道路法の道路構造令では、道路の付属物として街路樹を植える植樹帯を設けることを規定し、普通の道路に当然あるべきものとされ、以下のようなはたらきが期待されています。

1．歩行者の安全
2．交通安全
3．騒音の緩和
4．大気汚染物質の吸着・吸収
5．防災・避難路
6．自然生態系の保全・形成

　緑化対策を街路樹がになう都市では、自然を構成する重要な役割として、在来の樹種を植栽し、周囲の生物相を豊かにすべきだと思います。

プラタナス

　明治時代に構築された大都市の教育機関や公園などには、プラタナスが植栽されています。
　プラタナスは、西洋文化に追いつけ追い越せと、西洋の建築美を移入した当時の日本人の心を掴む樹種として街路樹にも選ばれ、今でも植栽し続けられています。
　近年プラタナスに、侵入種の昆虫「プラタナスグンバイ」が寄生し、あっという間に広がってしまい、木の寿命を縮めるかもしれません。
　グンバイムシの仲間は小さくて、木本植物に寄生する種と草本植物、その両方に広く寄生する種があります。4枚の翅の他に頭部や背面などにも、翅と同じような透明や半透明の飾りをもっていて、マクロ撮影や顕微鏡で見ると、複雑で不思議な形に驚かされます。英語ではレース状の翅の虫(Lace bug)と呼ばれています。
　私は草本植物に寄生するヘクソカズラグンバイ(P.23)と木本植物に寄生するプラタナスグンバイ(P.18)を観察して姿を描いてみました。

高木（プラタナス）と低木による街路樹

街路樹の歴史

　日本では古くから街道にマツやスギ、ケヤキやエノキ、ヤナギなどを植栽してきました。
　明治維新後、東京の都市緑化事業は明治7(1874)年、銀座通りにサクラとクロマツが植えられたのが始まりですが、木の成長が悪く10年後にはシダレヤナギに植えかえられました。
　その後、明治40(1907)年に、街路樹として10樹種が選定・植栽されて現在の街路樹の元となり、今まで継承される樹種の基本となりました(P.26)。

プラタナスグンバイ
Corythucha ciliata Say

2007.4.14

×27

カメムシ目　グンバイムシ科　緑化害虫

成虫は年に3〜4回6〜7月の間にプラタナスなどの葉裏で羽化し、幼虫もプラタナスなどの葉裏で育つ

幼虫と成虫の食餌／プラタナス、
イタリアポプラなどの葉の裏から汁を吸う
成虫の大きさ／3.5〜3.8mm
分布／ほぼ全国の公園や街路に植栽された
プラタナスに寄生
越冬態／成虫（プラタナスの樹皮下）

＊成虫は、真冬でも活動が可能な耐寒性があり、卵から成虫までの全期間を、冬以外は食樹の葉裏で過ごします。コナダニなどとの区別は黒い粘液状の排泄物が見られること。

採集　2001年に名古屋で最初に発見された外来種。2004年、港区芝公園周辺、外堀通り、青山通りの、食害状況を見て回り、黄化したプラタナスの葉裏や、越冬のために樹皮下に集合した個体を採集・観察して描きました。

生態　小さく見えにくい虫で、おもに葉の基の葉脈に沿って寄生します。吸汁により葉表が白く脱色した斑点となり、大量に寄生すると樹木全体の葉が白化や黄白化します。

人との関係　植栽近くの住宅に、風に乗って飛来し、不快害虫になることがあります。

モミジバスズカケノキ

Platanus × *acerifolia* (Aiton) Willd.

2015.4.12

スズカケノキ科　栽培品種

街路樹、公園、学校など公共施設に植栽され、野山には自生していない

樹高／10〜35m
樹幹／径1mくらいまでになる
分布／街路樹として世界中で広く用いられる

＊日本でプラタナスと呼ぶ植物は、モミジバスズカケノキ、スズカケノキ、アメリカスズカケノキです。一番多く見られるモミジバスズカケノキは、英国でスズカケノキとアメリカスズカケノキを交配して作った雑種で、明治時代に日本へ導入されました。

生態　成長が早く、肥沃地でよく生育し、貧栄養地や乾燥、湿潤地への適応性や発根性がよく、移植が容易な樹木です。
　大気汚染に強く、剪定に強いなど都市環境に適している緑化樹なので、以前は並木としてよく植えられていました。幹の表皮がはがれやすく、多くはまだら模様です。プラタナスグンバイは冬期、この表皮の裏で越冬しています。

人との関係　近年、秋に落ち葉が道路に落ちることをさけるためか、早々と剪定することが多くなって、樹勢が衰弱しないか心配です。

東京都港区におけるプラタナスグンバイの目視観察　2004年6～8月

　プラタナスグンバイは、東京都病害虫防除所の2003年の報告によれば、2001年9月に名古屋市の港湾地域のプラタナスにおいて日本で初めて確認されました。

　その後同年10月には、東京都や神奈川県など日本各地の都市でも確認され、2003年11月には、ほぼ東京都の全域で確認されました。これらの状況から、本種は街路樹のプラタナスに広く分布していると考えられています。

　私は2003年の夏から秋にかけて港区芝公園周辺にある街路樹のプラタナスの葉が黄変化する現象を確認しました。当初は冷夏の影響と思っていましたが、港区には2001年10月の時点で、プラタナスグンバイの発生が記録されていましたから、これはプラタナスグンバイの加害のためであったと思われます。

　2004年6月11日、芝公園近くの街路樹のプラタナスで本種を確認しました。

　そこで6月から8月にかけて、港区内の街路樹のプラタナスを対象に、本種による葉の被害あるいは葉裏についているプラタナスグンバイを目視で確認し、発生状況を調査しました。

　葉の被害は、最初は主要な葉脈に沿って見られ、その後、葉全体が黄白色に変色します。

　プラタナスグンバイの幼虫は、葉裏に集合して生息し、体色も黒いために葉裏から比較的確認しやすいのですが、若木やビル風などによって葉が傷んでいる樹では、葉の変色および幼虫の確認が容易ではありませんでした。調査結果は次のようになりました。

1. 6月の調査樹木数1468本、被害樹木数160本
2. 7月の調査樹木数1599本、被害樹木数796本
3. 8月の調査樹木数1694本、被害樹木数1432本

　目視で確認した樹木の被害確認率は、6月では10.9％、翌月の7月には49.8％、翌々月の8月には84.5％と上昇しました。

　特筆すべきは芝公園周辺、外堀通り、青山通りなどの主要な道路沿いのプラタナスの被害がほぼ100％であったことです。また被害の著しい場所では一部、路上に落葉が見られましたが、多くの変色した葉は落葉していませんでした。

　同じ場所にあるプラタナスでも木によって被害の程度に違いが見られました。調査の際に樹種を識別しませんでしたが、プラタナスにはスズカケノキ、モミジバスズカケノキ、アメリカスズカケノキの3種類があります。樹種によって本種の加害に対する感受性が異なる可能性も考えられるので、今後のテーマです。

小さな葉にも寄生

プラタナスグンバイ成虫の越冬状況　2007年2月

樹皮の裏で越冬するプラタナスグンバイの成虫

プラタナスグンバイは成虫で越冬すると報告されているので、2006年の夏に再調査を行い、外堀通り、日比谷通り、青山通りなどの幹線道路で発生が顕著であることを確認し、2007年2月25日、越冬状況の調査をしました。

調査場所

港区芝園橋から第一京浜まで、約590mの日比谷通り沿いのプラタナスで調査を行いました。

調査方法

まずプラタナスの胸高直径を測定し、手の届く範囲、地上約2mまでの樹皮や支柱、幹巻を観察し、プラタナスグンバイ成虫の生息の有無と生息の程度を記録しました。

調査結果

越冬中のプラタナスグンバイの成虫は、直径の大きいプラタナスの、北向き下側に付着した樹皮の裏で多く見られました。

84本のプラタナスを調査し、そのうち60本（71％）の樹皮や幹巻の裏などで成虫を確認しました。さらに、調査時の気温が10℃で強風の状態であったにもかかわらず、数個体を幹上で見ました。成虫が確認できなかった24本（29％）は、幹全体が布で巻かれた幼木か樹皮がほとんど無い樹木でした。

植栽されたプラタナスの胸高直径は、20〜30cmが多く、その平均直径は21.2cmでした。

ヘクソカズラ

2006.12.9

Paederia foetida L.

×1

アカネ科

7〜9月に花が咲く、つる性多年草

別名／ヤイトバナ
花弁数／5裂の釣鐘形合弁花
花径／1cm、長さ1cmほど
分布／日本全土、
国外では東南アジアの広い地域

*コハナバチ類を花の中にもぐり込ませて、蜜を与えることで受粉します。
果実は直径5mmくらいの球形。熟すと黄褐色になります。

採集 街中でよく見られ、アオドウガネやホシホウジャク、ヘクソカズラグンバイなどの食草です。採集・観察して描きました。

生態 道路沿いの植栽やフェンスなどによく絡んでいます。和名の由来は、葉や茎、実の汁が悪臭[1]を放つため。

人との関係 アメリカでは、ハワイやフロリダなどの南部の州で、侵入種として有害雑草化しています。

(1) 悪臭の成分はペデロシドという苦み物質です。本種を食害する昆虫の中でヘクソカズラヒゲナガアブラムシは、京都大学の研究によれば、ペデロシドを体内に蓄積して後部にある角状管から放出し、天敵のテントウムシからのがれているとのことです。

ヘクソカズラグンバイ

2010.3.13

Dulinius conchatus Distant

×27

カメムシ目　グンバイムシ科　採集個体

成虫は年に3～4回6～7月の間にヘクソカズラの葉裏で羽化し、幼虫もヘクソカズラの葉裏で育つ

幼虫と成虫の食餌／ヘクソカズラなどの
アカネ科植物の葉の裏から汁を吸う
大きさ／3mm程度
分布／千葉より西の地域に広がる
国外では、スリランカ、フィリピン、
マレー半島、ジャワ、中国
越冬態／成虫

*卵から成虫までの全期間を、食草の葉裏で過ごします。

生態　1996年に大阪府で最初に発見された外来種。現在ではかなりの地域で見られ、都心の公園などにも定着し[1]、吸汁されたヘクソカズラは、葉が白くかすれています。

採集　白くかすれた葉を見かけ、裏をめくってヘクソカズラグンバイがいることを確認してから採集し、絵を描きました。

人との関係　東南アジアでは、食用や薬用として利用されるヤエヤマアオキ（ノニ）に寄生するために、害虫とされています。

(1) ヘクソカズラの分布範囲が、このグンバイの北上の制限要因になっていると考えられています。

雑草について

　私が都市の自然を強く感じるひとつに「雑草」があります。人工的に植栽された街路樹や緑化樹、公園や住まいの植え込み、鉢植えの植物などと違い、ヒトに疎まれながら積極的に繁茂している姿に共感しますし、野生の力を感じます。

　雑草はヒトの生活範囲に、ヒトの活動によって強く攪乱を受けた空間を生息場所とし、ヒトの意図にかかわらず自然に繁殖する植物であって、分類学上では多種多様な植物があります。

　また、ヒトの生活範囲に帰化植物が多いのは当然でしょう。イネ科などには作物に擬態してまぎれて育つ種もあります。

　雑草は、ヒトに疎まれながら生き残った野生そのものであり、雑草に生息する昆虫やそれらを餌にするクモなどの節足動物、ネズミなどの小型哺乳類、小型の鳥などの生息を維持させる生物多様性の一部なのだと思います。

身近な雑草の見方

　寒い冬の終わりを告げ、春を感じさせる植物として、黄色の花のタンポポやハルノノゲシ、オニタビラコなどのキク科の雑草があります。また、オオイヌノフグリやホトケノザ、カラスノエンドウなども可憐な花を咲かせます。

オレンジ色の花を、道路際に列をなして咲かせるナガミヒナゲシも壮観です。

　5月中旬に次の雑草を見かけましたが、大半の植物は帰化植物です。ヨウシュヤマゴボウ、ドクダミ、ナズナ、ヒナタイノコズチ、ヨモギ、セイタカアワダチソウ、ヘクソカズラ、ノゲシ、オッタチカタバミ、ヒルガオ、ヒメツルソバ、ムラサキカタバミ、ヤブガラシ、オオアレチノギクあるいはヒメムカシヨモギ、タケニグサ、チチコグサモドキ、カタバミ、ハハコグサ、オニタビラコ、イヌホオズキ、オオマツヨイグサ、ハルジオンあるいはヒメジョオン、ヒルザキツキミソウ、ツタバウンラン、ハキダメギク。

　初夏を越えて盛夏になると、雑草の季節といってよいほど繁茂します。

公開空地や緑地と雑草

空き地や緑地の雑草管理については、各地域の自治体で、以下のような管理規定があります。

空き地などの雑草管理

普段から適正な管理を行わないと、雑草などが繁茂し、以下のような生活環境の悪化を招きます。近隣住民の安全と生活環境を損なわないためにも、所有者（または管理者）は責任をもった管理をお願いします。

1. 粗大ごみなどの不法投棄される場所になる。
2. 毛虫やカメムシなど害虫の発生場所になる。
3. 交差点などの角地では見通しが悪くなり、交通事故につながる。
4. 非行や犯罪を誘発する原因になる。
5. 雑草の花粉によるアレルギーの原因になる。
6. 枯れ草などが火災の原因になる。

雑草類の繁茂により近隣住民の生活環境に影響を及ぼすおそれがある箇所があった場合、土地所有者（または管理者）に対し、適正な管理をしていただくよう指導を行っています。

自治体によって異なるようですが、以上のような内容がホームページに記載されています。

雑草を生やさないために？

街路樹や緑地の高木や中木の下には、ツツジやシャリンバイ、ツゲなどのような低木を植えて、地面近くをおおうことが多いようです。

近年、低木の下に生える雑草を予防するため、セイヨウキヅタ（アイビー）が植栽されるようになりました。セイヨウキヅタは、20〜30mも枝を伸ばす木本植物です。管理をしなければ、草本の雑草よりもはびこります。

都市の植物の変遷

公開空地の緑化樹

イボタノキ

　道路に、当然あるべきものとして1907年に選定された10種類の街路樹は、スズカケノキ、イチョウ、ユリノキ、アオギリ、トチノキ、トウカエデ、エンジュ、ミズキ、トネリコ、アカメガシワなどです。道路の存在環境がまるで違う現在でも植栽され続けています。

　東京都の区部で本数の多い街路樹には、東京都の木であるイチョウ、プラタナス類、サクラ類、ハナミズキ、トウカエデ、クスノキ、マテバシイ、ケヤキ、ヤマモモ、エンジュ類です。

街路樹を生物として見る

　街路樹のはたらきとして、歩行者の安全、交通安全、騒音の緩和、大気汚染物質の吸着・吸収、防災・避難路、自然生態系の保全・形成が求められていますが欲張りすぎだと思います。

　街路樹の置かれている状況は「虐待」といっていいほど劣悪です。

　街路樹は土壌の通気性や透水性が悪く、ガス、水道、電気などの地下埋設物が多い、面積の狭い場所に植えられるため、根の発達が不良になりやすいのです。その上、電線や建物などによる制約、排気ガス、強い日射に曝されるなど厳しい環境状態の中にあって、夜間のイルミネーションなどは生理障害を起こす原因になるかもしれません。最近は、IPM（総合的防除）による害虫管理の発想で、殺虫剤などの薬剤散布が控えられていますが、その代替策や管理を簡単にするため、過剰な剪定や落葉前の枝打ちなどが行われるようになりました。このことは、生物である樹木を無理やり都市の鋳型に合わせようとするようで、こんなことを続けていると、いつかは都市で次々と樹木が枯死し、倒れていくような気がします。

　東京都内の公園の植栽樹木は、1977年以前はマテバシイ、サンゴジュ、トウネズミモチなど公害に強く成長の旺盛な樹種が選ばれ、緑の量を増やすことに重点が置かれていました。

　1990年以降は葉が小さく落葉が広範囲に飛散するようなイチョウやケヤキなどの樹種が減少し、ハナミズキ類、コブシ、アジサイ、イボタノキ、ユキヤナギ、ツツジ類などの花木、花や匂いが楽しめるキンモクセイ、新芽が美しいカナメモチなどが増加しています。

ハナミズキ

都市温暖化

中央分離帯と街路樹

1900～2000年代の100年間に、地球の気温は0.6℃くらい、東京では3℃上昇したといわれています。

人間の産業活動などに伴う気温の上昇は激しく、地球全体に比べて東京は5倍のスピードで温暖化が進んでいることになります。

特に東京区部の人工排熱量は日射エネルギーの20％近くに達し、オフィスビルが集中し自動車交通量の多い都心部では、局所的にほぼ日射量に匹敵するエネルギーを排出すると計算されています。

都市気候（urban climate）

都市機能の集中による都市への人口集中の結果、電力、ガス、化石燃料など膨大なエネルギーが消費されると共に、大量の熱エネルギーが放出されています。そして、緑地の減少や道路舗装などによる地表面の性状変化、都市構造物などによる地表面形状の変化、構造物の構成材料の変化など、自然界とは異なる熱バランスが形成され、人工的な排熱量が膨大になります。

その結果、都市大気の温暖化、日射量の変化、湿度の減少、降雨量の増加、エアロゾル[1]による大気混濁度の増加、ビル風など、都市特有の気候が発生するようになります。

(1) 大気中に浮遊する粉塵や煙、水分や油分などの人工的な粒子状物質のこと。

港区の環境

港区の総面積の75.4％は建造物が建っている構造物被覆地で、残りの24.6％が建造物ではない道路や緑地などのオープンスペースです。

港区には大使館や寺社が多く、赤坂御所、自然教育園、青山霊園など比較的大きな公園や緑地などまとまった緑も存在しています。

これらの緑地には、昔からの土壌環境やその土地の樹木が残っている場所もあるため、武蔵野に暮らしてきた生きものが生き続けています。

都市に残された自然は、住民の方々と行政機関が協力し、100年後へ繋がるように保全することが望まれます。

都市装置としての緑

街路樹や中央分離帯などの植栽は、信号や標識と同じ道路の付属物、建物の外構に法律によって定められた面積で作られる公開空地の緑地と共に、都市装置としての緑です。

これらの緑には、栽培品種が多く、地球温暖化で暖かい地域から北上している生物や、侵入種の生物などももち込まれやすくなります。

緑地や街路樹の外来種、益虫と害虫

緑地での実生

トウネズミモチの若木

　トウネズミモチは、種が運ばれて自生する（実生）ことが多く、今では外来生物法で要注意生物に指定されています。最近、トウネズミモチと同じ、モクセイ科のシマトネリコという樹種が緑化樹として広く植えられるようになってきました。この樹木は暑さに強く、植え込みや道路際の隙間などで実生するケースがしばしば見られるほど生育が旺盛です。また、カブトムシにこの樹木の樹皮をかじるという特異な行動を起こさせるなど、生態影響が懸念されています。

　プラタナスは定番の街路樹として、今でも広く植えられています。近年、プラタナスグンバイという害虫が日本に侵入し、またたく間に広がりました。プラタナスグンバイに加害されると、葉が黄白色に変色して、まるで早く紅葉が来たような状態になってしまいます。

　春、白やピンクの花[1]が咲くハナミズキは、秋には赤い実をつけ、紅葉するというヒトの嗜好をかなえる樹木です。

　しかし港区のような都市部では、夏期の高温多湿、冬期の温度の上昇などによるのか、初夏にはうどんこ病などの病変で葉が傷み、生育が十分できず、立派に育った木を見たことがありません。幹がそれほど太くならない状態で枯死するものも多く見受けられます。

ヒトと昆虫の利害関係

1. 益虫…ヒトに対して利益をもたらすもの。代表的なものには、蚕糸をとるカイコや野蚕。養蜂のミツバチ、食用昆虫、害虫を攻撃する昆虫などがあげられます。
2. 害虫…ヒトに対して損害を与えるもの。農林、人畜に対する各種害虫がいます。
3. 普通の虫…圧倒的多数の昆虫は、直接の利害関係はありません。

　以上のような分類はヒト本位に考えたものであって、多分に便宜的で、生物の多様性が無視されることも多々あります。

　昆虫学大辞典という大著では、害虫の定義は「人間および人間の管理下にある有用な動植物に直接または間接的な害作用を及ぼす昆虫、ダニ類を含む生物」とされていますが、このほか線虫や陸産貝類などにも有害動物はあります。

　害虫は、大きく農業害虫、貯穀害虫、森林害虫、衛生害虫、家屋害虫などに分けられます。

　都心における害虫、都市害虫(P.36)の多くは、上記害虫の一部で、都市環境や室内環境に適応した衛生害虫(P.36)、不快害虫(P.36)、生活害虫(P.36)と考えられます。

[1] 花びらのように見えるのは葉が変化した苞で、中心に花の塊（花序）があって次々と開花し、複合果が実ります。

ツゲノメイガ 幼虫

Cydalima perspectalis (Walker)

2009.8.8

×2.5

飼育個体

幼虫はツゲの木で育ち
成虫は5～9月の間に、年数回現れる

幼虫の食餌／ツゲ、マメツゲなど
ツゲ科ツゲ属植物の葉のみ
成虫の食餌／草の露や花の蜜
開張／28mm 前後
終齢幼虫の体長／35mm 前後
分布／北海道・本州・四国・九州、
国外では朝鮮半島・中国・インド
越冬態／幼虫

＊成虫の翅の白色部は半透明、夜行性で灯火に飛来します。

生態 幼虫は、芽生えたばかりの梢にクモの巣状に糸を張って葉を食害するため、糸に引っかかった糞や食べかすの葉が目立ち、最終世代では、葉をつづって繭を作り越冬し、羽化後には繭の残骸が残ります。1年中あらゆる段階で植栽物の美観を損ねます。

1980年代に千葉大学で行われた生活史の研究で、東京・千葉では年3化と報告されましたが、港区では4月頃に年1回発生するだけで夏場には見られません。都市温暖化や環境変化が原因かと考えながら継続観察しています。

ツゲノメイガ 成虫

2009.8.8

Cydalima perspectalis (Walker)

×4.8

チョウ目　メイガ科　飼育個体

飼育　都市では春先の発生が目立ちます。生活史の確認のために飼育・観察をして絵を描きました。

　一般的に市街地の緑化樹としてのツゲ類は、クサツゲ、セイヨウツゲ、チョウセンヒメツゲの3種が用いられています。

　ツゲノメイガの発育にはクサツゲが最適で、チョウセンヒメツゲは死亡率が高いと報告されています。私は飼育にセイヨウツゲと思われる植物を使用しましたが、特に問題はありませんでした。

人との関係　幼虫は、ツゲの葉裏や枝の間にひそんでいるので、葉が加害された状態になっても幼虫自体は確認しにくいものです。

　幼虫が大量に発生すると、枝や幹が枯れて木自体が枯れることがあります。また、食草を失った老熟幼虫が、周辺に移動して気がつくこともあります。新芽に作られたクモの巣状の巣や、葉をつづった繭を確認したら、早めにその部分を枝ごと切り取って防除します。

　本種は2007年にヨーロッパで確認され、その後ドイツ南西部、オランダをはじめヨーロッパ各国に分布を拡大する侵入種になっています。

アオドウガネの都市での生態 2002～2015年

暖かい地域からやってきた

アオドウガネは、九州・沖縄など南日本を中心に農業害虫として知られていましたが、2000年頃から北上し、現在は関東地方にも定着し、港区でも多数目撃されています。

成虫は、沖縄ではガジュマルやソウシジュなどの街路樹を食べますが、関東ではアジサイやセイヨウキヅタなどの緑化樹など様々な植物を食べています。

しばしばアジサイやセイヨウキヅタに多数の個体が群がって摂食することがあります。同様に、夜間灯火に誘引された個体が、灯火の下にある植栽（サザンカやカナメモチなど）に群がっていることがあります。

セイヨウキヅタ、トウネズミモチ、ヒラドツツジなどの常緑樹で飼育すると、1～2カ月（トウネズミモチの場合は約3カ月）生存し、その間に雌は土壌に産卵します。また、成虫は蜜の多いムクゲやヤブガラシの花、果物（ブドウやモモなど）、路上の飴玉など糖分の多いものを好む性質があります。

幼虫は地中で植物の根、根菜類（サトウキビ、サツマイモ、ニンジン）などを食べますが、腐葉土やクワガタ飼育用培養土でも、成虫まで生育することができます。

幼虫は攻撃的なので、自然環境では土壌中のほかの昆虫に少なからず影響を与えているように思われます。

天敵

幼虫の天敵は、寄生するツチバチ科の幼虫、捕食するムシヒキアブ科の幼虫など、成虫の天敵は、シオヤアブなどのムシヒキアブ科の成虫です。また、鳥類も成虫を捕食していると思われ、スズメに追われる成虫や、成虫の鞘翅を多量に含んだペリット（未消化物の吐きもどし）を見たことがあります。

農作物のない都心で、なぜ増える？

不思議なことにアオドウガネは、農作物がない都市で個体数を増やしています。

港区では、アオドウガネの近縁種であるドウガネブイブイはほとんど確認されなくなり、同じ生態的位置（ニッチ）にいるアオドウガネに交代したのではないかと思われます。

その原因は、十分わかっていませんが、次のように考えられます。

1. 気候変動や都市温暖化による分布の拡大。
2. 緑化樹や緑化樹を植える土壌とともに、人為的に多数の個体が移動されている[1]。
3. 都市環境への適応力が大きい。成虫は食性が広く都市の緑化樹を利用できる。
幼虫は乾燥気味で低栄養な都市の土壌に適応し、緑化樹などの根を食害することで十分生育できる可能性がある。
4. 薬剤散布など防除作業の減少。
5. 天敵や競争種が少ない。

＊都市におけるアオドウガネの観察は、学生の研究対象になって欲しいと思います。
今から20～30年前であれば、どこかの大学の農学部の研究室が、扱ったのではないかとも思いますが、現在研究する大学はなく、沖縄や九州の農業試験場で防除のための試験研究が行われているだけです。

(1) 幼虫が、園芸植物のパンジーなどを食草とするチョウ目のツマグロヒョウモンの例が知られています。

ガクアジサイ

アオドウガネ 成虫

2006.10.14

Anomala albopilosa albopilosa Hope

×3

コウチュウ目　コガネムシ科　飼育個体

土の中で育ち、成虫は5〜10月に現れる

別名／コガネムシ
成虫の食餌／各種広葉樹および草本植物の葉類
幼虫の食餌／植物の根や根菜類、腐葉土
成虫の体長／18〜25mm（6〜8月に産卵・孵化）
終齢幼虫の体長／20〜30mm
分布／本州・四国・九州・沖縄
越冬態／3齢幼虫主体、越冬後そのまま蛹化

＊幼虫の飼育は、腐葉土やクワガタ飼育用培養土で可。
成虫はトウネズミモチの葉で3カ月くらい生存し、
その間に交尾し、雌は地中に産卵します。

飼育　前ページのように2002年頃から道路や植栽、運河沿いの区立公園で本種の観察を続けてきた過程で、成虫と幼虫を描きました。

　幼虫はつまんだ指に噛みつくほど攻撃的なので、気をつけて個別に飼育します。

　成虫は糖分の多いものを好む性質があります。毎年観察してきた結果、29科47種の植物の葉を摂食します。

アオドウガネ 幼虫

Anomala albopilosa albopilosa Hope

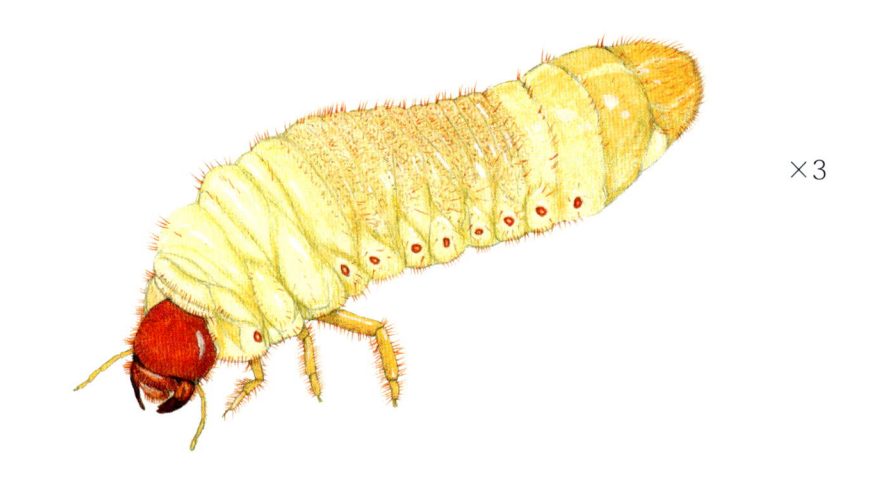

2009.1.24

×3

飼育個体

生態 成虫の背面は金属光沢のある緑色、腹部は緑色の光沢のある赤銅色の美しい甲虫です。沖縄ではガジュマルやソウシジュなどの街路樹、関東では多くの緑化樹の葉に群がって食害したり、夜間灯火に誘引され、灯火の下の植栽に群がったりします。

雌は、夏から秋にかけて地中に産卵し、孵化した幼虫は、地中で植物の根や根菜類などを食害して育つため、沖縄や九州では、サトウキビ、サツマイモの害虫です。冬を越えると蛹になり、成虫へと変態して地上に現れます。

人との関係 緑化樹などの害虫ですが、成虫は都心で見られる昆虫の中でも美しい種で、採集や飼育観察もしやすい生きものです。

都心における不快害虫

空き地や緑地からの不快害虫の発生

都心でも更地にすると、あっという間に土壌に含まれた種子を中心に帰化植物などの雑草が繁茂します。除草や清掃などの管理が十分されずに放置された場合は、植物を食べる昆虫などが多数発生し、周辺の建造物などに移動したことで、不快害虫になることがあります。

港区内で発生した事例

1. アパレルビルへ集団侵入したカメムシ幼虫。

2003年7月、アパレル商品を扱う店舗の入ったビルに、小豆大の昆虫が多数徘徊しました。

徘徊していた虫は、体長1cmほどのカメムシ幼虫で、ツチカメムシ科の日本最大種であるヨコヅナツチカメムシ[1]でした。

2週間にわたってビルに出現した数は、推定280匹以上。今までこのようなことはなかったとのことでした。原因としては、次のように考えられました。

ヨコヅナツチカメムシは照葉樹林の地表や地中に生息する種類です。港区の自然教育園でも生息が記録されていますが、緑化樹の土壌とともにビル近くの緑地に運ばれたと思われます。

ビル前の歩道の緑地に、本種の食物になるアオギリの街路樹があり、その実が地面に多数落下し、清掃などがされない土壌環境のために腐葉土が形成されていました。ここにヨコヅナツチカメムシが定着したのでしょう。

狭小な生息地での生息数の過密化により、環境が悪化して幼虫が移動したと思われます。

幼虫の行動は主に夜間であったため、夜行性と考えられました。また、ショーウィンドーの照明が夜通し点灯されていること、ビル敷地の床面が白いタイルのために照明を反射させていることなどが、昆虫を誘引する効果になったのではないかと考えました。

[1] 学名：*Adrisa magna* (Uhler)

2. 空き地の雑草から大量発生したカメムシ幼虫(右図)。

2007年8月、広大な空地周辺の住宅や学校などの室内に、5mm程度の黒い虫が大量に侵入するということがありました。

発生場所は、周囲を白く塗装された鋼板(高さ3m、幅0.5m) 265枚で囲まれ、3年以上放置された約1800㎡の空き地で、帰化植物であるキク科の雑草、ヒメムカシヨモギの近似種のケナシヒメムカシヨモギが、広大な畑のように繁茂していて、ナガカメムシ科のヒメナガカメムシの幼虫が、何百〜千万単位で集団発生したと推測されました。

空き地内では多数の幼虫が鋼板上をアリ程度のスピードで上部に向かって歩き回り、午後、気温が上昇すると行動が活発化し、道路を越えて周辺の建物の壁や敷地に移動して不快害虫となったと考えられました。夏休み中のことで、校内の利用者も少なく、問題にはなりませんでしたが、通学時期では問題になったと思われます。

3. 空き地の雑草から大量発生した赤いハダニ。

2013年9月、空き地に繁茂したナス科の雑草イヌホオズキに、外来種であるミツユビナミハダニ[2]が集団発生しました。

イヌホオズキの葉に赤褐色の塊のようにハダニが集合したり、隣接家屋の外壁に目視できるほど高密度に付着したりしていました。

ミツユビナミハダニは2001年に、大阪のイヌホオズキから採集された個体から、日本での発生が確認された侵入種です。本種はイヌホオズキ、ワルナスビなどのナス科植物を捕食し、高い増殖力で、しばしば寄主植物を枯死させます。冬でもすべての生育段階が観察され、非休眠性ですが寒さには弱い種で、熱帯または亜熱帯地方に起源があると考えられています。

[2] 学名：*Tetranychus evansi* Baker & Pritchard

ヒメナガカメムシ 幼虫

Nysius plebeius Distant

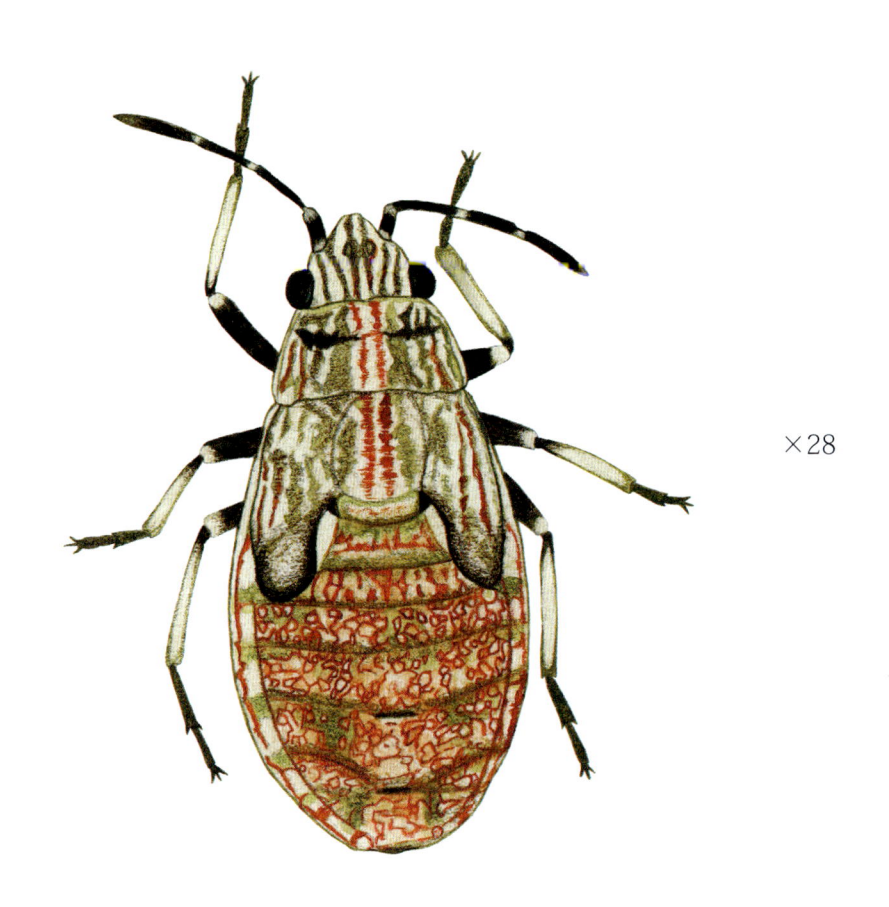

2008.2.9

×28

カメムシ目　ナガカメムシ科　農業害虫

成虫は年1回現れ、4〜11月に見られる

幼虫・成虫の食餌／イネ科やキク科植物の花、農作物では、イネ、ハウスイチゴ、カンキツ類、カキ、マンゴーなどの花や穂
終齢幼虫体長／3mm程度
成虫の体長／5mm程度
分布／本州・四国・九州・沖縄
越冬態／成虫（集団で越冬）

＊自然度の高い地域では、林縁、草原、荒蕪地、畑地、水田周辺など、比較的明るく開けた環境。都市部では公園など。昼行性で集合性があり、活発に活動します。

採集　左ページ2.の事例で、採集した幼虫を描きました。

生態　越冬後交尾産卵して次世代を残し、新成虫は6月に出現します。

人との関係　普通種で個体数が多く、発生量が多いと斑点米の原因になります。薬剤散布後の水田で個体数が急増した報告もあります。
　成虫は灰淡褐色で、小型のハエの仲間のようにも見えて、うっかりつぶすとカメムシ特有の臭いがします。

都市害虫

　都市は、ヒトがもともとその場所にあった自然環境を完全に作りかえた空間です。そのために街路樹や緑化樹、ペット以外は存在しない空間のように考えられているかもしれません。

　現実には雑草、スズメ、ドバト、ネズミ、ハエ、カ、ゴキブリ、ヒトの目にはとまりにくい生きものや普通の虫がいます。

　また、都市養蜂やビオトープ、壁面、屋上などを少しでも緑化し、生物多様性を増やそうという動きもあります。

　しかし超高層の集合住宅が林立し、限られた種類の緑化樹で構成された公開空地や公園、人工的な環境を維持するための過剰な剪定や除草、清掃管理も強化されています。

　子ども用学習ノートの表紙に、昆虫の写真を使用することへの批判がニュースになりました。現代の都市では昆虫などに対する馴染みがなくなり、自然に対する嫌悪感が強く、都市における害虫は従来の定義ではなく、存在自体すら問題になっているのではないかとも思えます。

衛生害虫

1. 感染症の媒介
   カ…アカイエカ類、ヒトスジシマカ
   ハエ…イエバエなど
   ダニ…マダニ
   シラミ…コロモシラミ
   ゴキブリなど
2. 血を吸う
   カ
   ネコノミ
   アタマジラミ、トコジラミ
   イエダニなど
3. 刺したり咬んだり
   ハチ…スズメバチ、アシナガバチなど
   アリ…オオハリアリ、イエヒメアリなど
   クモ…セアカゴケグモなど
   ムカデ、アリガタバチなど
4. 皮膚炎
   ドクガ、チャドクガ、イラガなど
5. アレルギー
   室内塵性ダニ、ハチ、ユスリカ

不快害虫

1. 不快感
   ゴキブリ、ハエ、ヤスデ、ナメクジなど
2. 異臭
   カメムシ、ヤスデ、ゴキブリなど
3. 集団発生
   アリ、ヤスデ、ワラジムシ、ダンゴムシ、空地に集団発生する昆虫やダニ類など

生活害虫

1. 家屋等損傷
   シロアリ、ヒラタキクイムシ、シバンムシなど
2. 繊維損傷
   イガ、カツオブシムシなど
3. 食品汚染
   ノシメマダラメイガ、タバコシバンムシ、ヒラタコクヌストモドキなど
4. 書籍損傷
   シバンムシ、シミ、ゴキブリなど
5. ペット
   ネコノミ、ダニなど
6. 緑化樹加害
   チョウ目幼虫、ハバチ幼虫、ハムシ、コガネムシ、アブラムシ、カイガラムシ、グンバイムシ、ハダニ類など
7. 異物混入
   すべての昆虫、ダニなど

普通の虫
アオマツムシ

ノシメマダラメイガ 成虫

Plodia interpunctella (Hübner)

2012.3.24

×10

チョウ目　メイガ科　生活害虫

成虫は冬期以外、いつでも現れる

別名／ノシメコクガ、マメマダラメイガ
幼虫の食餌／米・麦など穀類、小麦粉、インスタント食品、乾燥果実、豆菓子、チョコレートなど
終齢幼虫体長／10～12mm程度
成虫の体長／7～8mm
生息場所／日本を含む世界共通種、製粉工場、食品工場、住宅周辺
越冬態／卵・幼虫・蛹・成虫など各期

＊生育期間は夏期の場合、卵から成虫まで約1カ月。摂食した食品の周りで蛹化し、羽化します。卵は楕円形で約0.5mm。成虫は摂食せず、寿命は約10日。雌は食品の表面に産卵します。屋外の生息場所はほとんど確認されていません。

採集　台所で、食品から発生したと思われる成虫を採集・観察して描きました。

生態　孵化幼虫の体長は約2mm。幼虫は足場糸をはくので、成長するにつれて食品は薄く糸におおわれ、薄絹をかぶせた状態になるため、本種であることが識別できます。

人との関係　タバコシバンムシやヒラタコクヌストモドキとともに食品害虫であり、乾燥食品への混入の原因生物になります。チョコレートの害虫[1]として有名です。

(1) チョコレートをエサとした場合、幼虫の成長は遅くなり、成虫になるためには、2.5～5カ月もかかります。

37

ヤブカ調査用オビトラップに産卵するガガンボ科の一種　2006～2008年
新称ニッポンアシワガガンボの観察　2010年

ガガンボ科の昆虫

　日本では90属730種類が記録されています。しかし分類学的な研究は不十分で、生態がよくわかっていない種類も多いとされています。

　たまたまヤブカの調査のために設置したオビトラップに、4～5月に産卵されたヤブカではない卵や幼虫を飼育した結果、これまでの分布記録が九州のみであった、ニッポンアシワガガンボの東京での生息が確認できました。

　本種の同定は、2006年ならびに2007年に室内で飼育をして羽化させた成虫を、当時、栃木県立博物館にご在籍であった中村剛之博士にお願いしました。また、2008年4月には幹に水たまりのあるイヌツゲ周辺で、本種成虫が飛翔している姿を目撃しました。

飼育

　ハエ目幼虫の捕食実験も行いました。
　幼虫は水中の落ち葉などのほかにハエ目幼虫を捕食し、2カ月～3カ月半で成虫になります。
　エサは、アカムシユスリカやアカイエカの幼虫よりもハナアブとセスジユスリカをよく捕食しました。それは、自然界では落葉が堆積した水深があまり深くない水域で、落葉や水底に生息するハエ目幼虫を捕食しているためなので、ヒトスジシマカの天敵にはなると思いました。

各成長段階の大きさ

1. 卵は、ヒトスジシマカの卵よりもひとまわり大きく、黒色で長さ約1mm、幅0.3mmです。
2. 幼虫の体長は、孵化直後では2mm、蛹化間近の老熟幼虫では、40mmになります。また4齢で終齢になると判定しました。
3. 黒褐色で、体長約30mm。触角のような呼吸角が頭部に2本、腹部の各節に突起があり、尾端の呼吸盤の肉質突起は6本でした。

2010年の室内飼育

　左掲した飼育環境を改善し、卵からの飼育観察を行いました。
　今回の室内飼育による本種の生活史は、採卵から孵化まで10日、4齢までの幼虫期間は140日、蛹の期間は3日でした。
　幼虫は、キャベツ、レタス、小松菜など緑葉野菜だけのエサで、成虫まで成長し、さらに、羽化した成虫が室内で交尾・産卵しました。

飼育状況

　これまでの飼育結果では、本種の成虫には、約2～3カ月で羽化する個体と、約4～6カ月で羽化する個体が見られ、早期に羽化する個体の多くは雄で、生育期間の長い個体は雌でした。
　雄と雌の発生時期が著しく異なるのは不自然です。その原因としては、飼育環境（夏の高温、水質および栄養状態）の影響が考えられました。

　今回の飼育では、餌を緑葉野菜に限定し、排泄物のこまめな除去と新鮮な水の供給による水質管理を徹底した結果、猛暑で高温下の環境で、雌雄個体の生育期間は同一となりました。
　この結果から本種は年2回の発生であり、9月以降に孵化した幼虫が成長して老熟幼虫あるいは蛹で越冬すると考えられ、成虫は4月頃に羽化して産卵します。孵化した幼虫は約5カ月で成虫になると考えられます。
　これまでの飼育観察では、本種の3～4齢幼虫は水中の腐食物（デトリタス）の他に、ユスリカやハナアブなどハエ目幼虫を捕食しました。今回は水質劣化につながる動物質のエサやデトリタスを避け、緑葉野菜だけにした結果、飼育に動物性蛋白質が不要なこともわかりました。
　野外における成虫の交尾行動については不明ですが、本種が比較的狭小な水槽内で交尾し、産卵したことは意外な発見でした。

ニッポンアシワガガンボ 成虫

Tipulodina nipponica Alexander

2007.9.22

×2

ハエ目　ガガンボ科　飼育個体

年2回、4月と9月に現れる

成虫の食餌／草の露や花の蜜
幼虫の食餌／デトリタス、ユスリカやハナアブ
などの幼虫を捕食
成虫の体長／20(♂)〜25(♀)mm
終齢幼虫の体長／25〜50mm
分布／九州・東京
越冬態／老熟幼虫あるいは蛹
生活史／卵10日以内、幼虫(4齢)140日、蛹3日

＊水中で生活する幼虫は、日々の水かえとキャベツや
レタスなどの新鮮な野菜だけでも、成虫まで飼育できます。
成虫の翅はハエ目の特徴としての一対、
後翅は進化した平均根という棒状の突起になっています。

飼育　2000年から、カの産卵場所となる人工容器に水を入れたオビトラップで、ヤブカの調査を行ってきました。

産卵板に産卵されたヤブカとは異なる卵を回収し、飼育観察をしたことから成虫が羽化し、本種と判明[1]したために描いてみました。

分布記録の九州以外に、東京での生息が確認できたのは、分布域の拡大か、今まで報告がなかっただけで以前から分布していたためなのかは不明です。引き続き飼育をして幼虫も描きました。

(1) ニッポンアシワガガンボの同定と和名の提案は、弘前大学白神自然環境研究所准教授　中村 剛之博士によって行われました。

ニッポンアシワガガンボ 幼虫
Tipulodina nipponica Alexander

2008.7.26

×2

飼育個体

生態 ガガンボ類とは細長い脚と腹部、脈の発達した細長い翅が特徴のハエ目長角亜群昆虫の総称です。ガガンボ科、ガガンボダマシ科、コシボソガガンボ科、ニセヒメガガンボ科の4科を含み、その中でガガンボ科はもっとも種数が多く、全世界では約14,000種、日本では90属730種が記録されています。

ガガンボ科には、イネの根を食べるキリウジガガンボのような農業害虫もいますが、多くは生態もよくわからず、和名もありません。

アシワガガンボ属の幼虫は、樹や竹の切り株にできる水たまりなどにもいて、カやユスリカなどのハエ目幼虫と共存[2]します。

人との関係 光に誘われて屋内や車内に飛び込んでくることもあります。

ガガンボの仲間の成虫は、カを大きくしたような形をした種類が多く、その形や大きさに驚かされる人が多いようですが、人を刺したり血を吸ったりすることはありません。

(2) ハエ目幼虫は、ニッポンアシワガガンボ老熟幼虫の摂食対象になるだろうかと調べた結果、1.ハナアブ幼虫、2.セスジユスリカ幼虫、3.ヒトスジシマカ幼虫・蛹、4.アカイエカ幼虫・蛹の順でよく食べました。従って、状況によっては本種幼虫は、カのボウフラの天敵になると思われます。

ハナアブ 幼虫

2009.12.26

Eristalis

×3

ハエ目　ハナアブ科　飼育個体

年2回くらい、4月から12月に現れる

別名／オナガウジ
食餌／デトリタス
終齢幼虫体長／胴体の長さ20mm程度、
尾のように見える呼吸管は伸縮自在で
伸びると胴体の8倍位
分布／日本全土
越冬態／成虫

＊幼虫は有機物の多い、汚濁率が高い水中に生息します。そのため、この種の幼虫は水の汚濁量の指標になります。別名のオナガウジは、ナミハナアブ、シマハナアブなどを代表とするナミハナアブ亜科ナミハナアブ属の幼虫の総称。

飼育　ニッポンアシワガガンボの、幼虫を飼育するためのエサとして飼育観察し、絵を描きました。

生態　幼虫はデトリタスの分解者、成虫は花粉の媒介者[1]です。老熟幼虫は上陸し、土中や落ち葉の下で蛹化します。

人との関係　成虫はミツバチとよく似た姿です。ミツバチの翅は4枚、ハナアブはハエの仲間なので2枚です。人を刺しません。

(1) かつて温室内の訪花性昆虫として、大量飼育した蛹を用いたことがありました。現在はマルハナバチに置きかわったのかもしれません。

都市装置の中の生物　I. カ

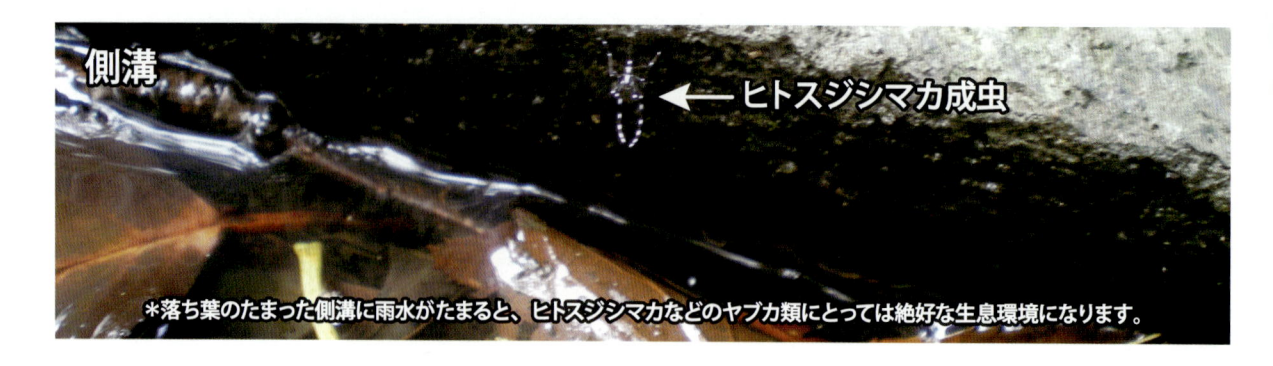

*落ち葉のたまった側溝に雨水がたまると、ヒトスジシマカなどのヤブカ類にとっては絶好な生息環境になります。

（側溝／←ヒトスジシマカ成虫）

　18世紀半ばから19世紀にかけて英国で起きた産業革命は、世界中の社会構造を工業化社会へと変革するとともに、様々な交通機関、水道施設やエネルギー施設、教育施設、商業施設、公園や墓地などを整備した高度な都市という装置を構築してきました。

　私は東京オリンピックからほぼ半世紀、港区の自然環境を観察してきました。大きな緑地を必要とする生態系は無くなりましたが、前ページのような生物は存在します。

　21世紀の今、都市害虫とヒトが同じ地球上の生命として共存する方法を探るために、データを蓄積し、22世紀が健康的な都市環境となるように提案したいと思っています。

都市害虫の中で特に気になるのは「カ」

　カは血を吸う前に、血が固まらないようにする物質を含んだ唾液を注入するので、刺された傷口はこの物質にアレルギー反応を起こし、赤く腫れてかゆくなります。

カが媒介する感染症

　カには感染症を媒介する種があり、日本脳炎やイヌの感染症のフィラリアが知られてきました。日本脳炎は、日本〜南方アジア方面に広く分布します。日本では宿主の豚を隔離し、コガタアカイエカを駆除したり、ワクチン接種を行ったりした結果減少し、21世紀では年間数名程度の発症になりましたが、検査によると豚の感染は続いていて、ウイルスは広く存在しています。

　近年、海外で猛威をふるうウエストナイル熱やデング熱などの侵入が心配されてきました。昨年ヒトスジシマカが媒介するデング熱（P.43・44）の国内感染が確認されました。

*ヤブカなどは、産卵後2週間程度で成虫になります。資材置き場のシートは、水たまりができないように掛けることが重要です。

（資材置き場）

カが媒介する病気

最も大切なことは、刺されないこと

1. **日本脳炎（日本脳炎ウイルス）：日本ではコガタアカイエカが媒介**
感染しても発症するのは100〜1000人に1人程度とされますが、発症すると高熱、意識障害や麻痺などの神経系の障害を引き起こして、20〜40％が死亡するといわれています。
予防接種をきちんと受けることが大切です。

2. **デング熱（デングウイルス）：日本ではヒトスジシマカ（世界の侵略的外来種ワースト100）が媒介**
感染経路は人→カ→人。
デングウイルスには4タイプあり、初感染で重症の「デング出血熱」になることはまれですが、異なるウイルスタイプに追感染すると重症化のリスクが高くなるといわれています。
カに刺されてから3〜7日程度で高熱のほか頭痛、目の痛み、関節痛などの症状があれば、デング熱の可能性があるので、早めに医療機関で受診しましょう。
本年（2015年）6月からデング熱の検査キットが保険適用になり、検査できる病院が増え、迅速な診断や早期の治療につながると思います。

3. **フィラリア（イヌ糸状虫）：日本ではアカイエカ、トウゴウヤブカ、ヒトスジシマカが媒介**
感染すると、肺と心臓がむしばまれ、気づいたときには手遅れということも多い病気です。
フィラリアにかかったイヌが近くにいると、その血を吸ったカを通してネコやヒトも感染することがあり、ヒトの場合、肺がんと間違えられることがあります。
イヌには予防接種などをきちんと受けさせることが大切です。

4. **チクングニア熱（チクングニアウイルス）：ネッタイシマカとヒトスジシマカが媒介**
アフリカ、東南アジア、南アジアを中心に分布、2007年に温帯のイタリアで流行し、EUの保健当局に衝撃を与えました。デング熱同様にネッタイシマカとヒトスジシマカが媒介し、イタリアではヒトスジシマカが媒介したことから、日本での発生が強く危惧されています。症状はデング熱に似ていますが、重症例では脳症や劇症肝炎になるようで、マダガスカルの島で流行した際は多数の死亡者が報告されました。

5. **ウエストナイル熱（ウエストナイルウイルス）：アメリカではアカイエカ、ヤマトヤブカ、ヒトスジシマカなど43種以上のカが媒介**
中近東、アフリカ、北米、オーストラリア、ヨーロッパに広く分布し、1999年、ニューヨークで突如発生し、その後全米に蔓延しました。日本への侵入が危惧されていますが、確認はされていません。カと鳥類でウイルスが循環しており、その間に馬や人が感染すると発症し、症状は発熱、頭痛、筋肉痛など、脳炎を発症すると意識障害や麻痺を起こします。

6. **黄熱（黄熱ウイルス）：ネッタイシマカが媒介**
熱帯アフリカと中南米の風土病。野口英世博士が研究中に、自身が感染して亡くなりました。黄熱ワクチンは10年間有効で、黄熱の発生国では入国時に黄熱ワクチンを接種した証明である「黄熱国際証明書」の提出を求められます。

7. **マラリア（マラリア原虫）：ハマダラカが媒介**
熱帯から亜熱帯に広く分布し、高熱や頭痛、吐き気などの症状を起こします。
毎年、多数の輸入患者がいて、アフリカからの帰国者で発熱の場合はマラリアの可能性が高く、熱帯熱マラリアは悪性で診断遅れによる死亡例もあります。

＊今後、日本へ侵入する可能性があるのは4と5です。特に4は、デング熱以上に身近なヒトスジシマカの媒介能力が高いので、侵入が懸念されています。

海外旅行の際は、その地域に流行している病気の情報を、検疫所のホームページなどで確認し、カに刺されないように注意しましょう。旅行後に発熱や関節痛などの症状が出た場合には、早めに医療機関を受診しましょう。

ヒトスジシマカ 幼虫

Aedes albopictus (Skuse)

2015.5.23

×16

ハエ目　ヤブカ科　衛生害虫

生態

幼虫の生育期間は、エサが十分な場合20℃で10日、25℃で7.5日、30℃で5.9日、発育零点は9℃と推定されています。蛹の生育期間は、20℃で5.9日、25℃で2.4日、30℃で2.3日と推定されています。

ヒトスジシマカの卵には、水中でなければ孵化しないタイプと、湿潤状態でも孵化するタイプとが混在しています。

また、溶存酸素が低い水質ほど孵化率が高くなります。

人との関係

吸血行動は雌が産卵に必要な栄養にするために行うもので、吸血対象は、ヒトを含めた哺乳類全般、鳥類、爬虫類や両生類にまで及びます。

最大の防除は、身近に水たまりを作らず、ボウフラを発生させないことです。

ヒトスジシマカ生息調査 2000年5〜11月

成虫のいる場所

ヒトおとり法

ドライアイスとライトトラップ

オビトラップ

幼虫のいる場所

樹洞のたまり水

割れたバケツ

水受け

　1999年にアメリカで、ウエストナイル熱が発生し、数年後に全米に蔓延する事態になりました。鳥類が増幅動物となり、身近なアカイエカなどのカが媒介する感染症なので、日本へ侵入する可能性が危惧されました。

　2000年初夏、オビトラップ(Ovipotion Trap)で、カの生息状況を調べようと思いました。

　港区の調査地において、5月下旬から11上旬にかけて週1回、オビトラップを設置してヤブカの生息調査を行い、確認のためにトラップ内の幼虫、蛹、卵を飼育して、ヒトスジシマカを確認しました。調査地は10㎡の木造家屋の周囲、80㎡の空き地、18,900㎡の都市公園、14,700㎡の都立霊園と周辺の児童遊園の4カ所。

　トラップは面積に関わらず、毎回各10個、総計40個を設置し、前週設置分を回収しました。

　トラップの容器は、目的によってコップから大きなポリバケツまで、いろいろな大きさが考えられます。今回はヒトスジシマカが対象なので、中央下の写真のように、清涼飲料水の350mℓ缶の上部を切り取って内外に黒い塗料を塗り、水道水100mℓと、幅2cm長さ10cm厚さ2mmの木片を入れて、カが産卵する場所を作りました。

　オビトラップ以外のカの調査法には、左下の写真のように、自分に集まってくるカを補虫網で採集する「ヒトおとり法」や、中央上の写真のように、ライトトラップとドライアイスを使って、カを集める方法があります。

　この2つの調査方法は、昨夏(2014年)、デング熱媒介蚊サーベイランス(調査監視)として、多くの自治体で実施されました。

オビトラップによるヤブカ生息調査 2000～2011年

2000年の調査結果

5月下旬から11月上旬までの産卵数の中で、6月下旬から9月上旬までの平均産卵数（トラップ40個の総産卵数）は、50～100個で推移しましたが、9月中旬に150個以上に増え、その後は急激に減りました。産卵数が多い場所は、近くに発生源となるたまり水や、成虫がひそむ場所があると考えられます。

薬剤散布や植栽の手入れなどの前後にオビトラップを設置して調べれば、それらの効果を比較することができるかもしれません（P.55）。

調査上の注意点

夏場にトラップを1週間以上放置すると、そこがカの発生源になるので、1週間後にはかならず回収しなければなりません。また、トラップの設置ならびに回収時は、カに刺されやすいので、長袖長ズボンを着用し、忌避剤や蚊取り線香を使用するなどの注意が必要です。

2002～2011年、10年間の調査

2000年に行った調査と同様の手順で、ほかの調査なども行いながら2002年から10年間調査をしました。

カの成虫が出現する5～10月の6カ月間、毎月1回トラップを仕掛け、1週間後に回収することを繰り返しました。また産卵板の材質を、柔らかく産卵しやすそうだと考慮し、バルサ材に変えました。

この調査ではトラップ内の卵や幼虫、蛹の目視による確認のみで、飼育はしませんでした。そのため、ヒトスジシマカと思われるヤブカの調査になりました。

月別の平均産卵数と累積平均産卵数

年	5月	6月	7月	8月	9月	10月	累積数
2002	5.5	5.9	41.2	26.6	32.0	15.1	126.3
2003	3.9	24.2	38.2	41.4	15.5	17.3	140.5
2004	4.7	33.3	49.9	36.0	147.5	7.7	279.1
2005	3.5	19.7	85.2	42.9	130.9	16.6	298.8
2006	1.2	16.2	41.6	46.2	54.2	16.1	175.5
2007	2.1	20.7	20.0	47.6	79.9	9.5	179.8
2008	4.9	14.6	47.9	41.5	54.0	2.4	165.3
2009	8.8	21.4	29.2	47.2	64.2	9.1	179.9
2010	0.0	15.9	30.8	42.3	13.4	4.2	106.6
2011	4.9	20.9	27.2	28.0	40.0	6.9	127.9
累積数	39.5	192.8	411.2	399.7	631.6	104.9	1779.7

10年間ヤブカの調査をして

月別の平均産卵数は、2000年の調査結果同様7月から9月に多くなります。これは成虫の活動が活発なためです。しかし、初秋の9月になってから産卵数が多くなるのは、ヤブカ卵の孵化が日長によって影響され、短日日長になると休眠卵が増えるためだと思われます。

年ごとの累積平均産卵数（月別の平均産卵数の合計）は、106～298個で推移しています。しかし、2004年と2005年は、その前後の年の1.5～2.8倍も多くなっています。気温が高く、雨量が多いとカの育つ小さな水場が増え、カが多くなったのだと考えていました。しかし、10年間の気象データと比較したところ、単純に気象条件だけで産卵数の多寡を推定するのは難しいことだと気づきました。

今後の調査としては、トラップの容器の色や形、大きさ、中に入れる水の水質などによって、カの産卵数に違いが出ることを比較することも、ひとつの観察テーマになると思います。

アカイエカ 幼虫

Culex (Culex) pipiens pallens Coquillett

2015.5.16

×14

ハエ目　イエカ科　衛生害虫

家屋に侵入して吸血、9～12月に現れ夜行性

成虫の食餌／草の露や花の蜜、雌は生きるためには草の露や花の蜜、産卵のためにのみ吸血
幼虫の別名／ボウフラ
幼虫の食餌／水中のデトリタスや細菌類など
成虫の体長／5.5mm
幼虫の体長／6mm程度
移動距離／1000m程度、高層の部屋にも侵入
分布／北海道・本州・四国・九州、
国外では、東アジアの温帯地域
越冬態／成虫（非休眠性）

＊産卵後、10日程度で羽化します。
飼育には、ヒトスジシマカよりも細やかな管理が必要です。

生態　幼虫は、家屋周辺のドブや下水溝などの、滞留した汚水など、ヒトスジシマカよりも汚濁した水に生息。

　成虫の雌は、冬期には吸血しませんが、本種と形態が似たチカイエカという亜種は、ビルの地下水槽や浄化槽、地下鉄の構内などの閉鎖的な空間[1]に1年中生息し、雌は冬期でもヒトから吸血をして産卵[2]もします。

　両種とも、吸血時に糸状虫症フィラリア、ウエストナイル熱などの感染症を媒介し、吸血した人の皮膚に湿疹を起こします。

(1) 本種は交尾の時に広い空間を必要としない「狭所交尾性」。
(2) 1回目の産卵には吸血を必要としない「無吸血産卵性」です。

ライトトラップによるカの生息調査 2004年～2005年

カの調査に光は必要ない

　カと姿が似ているユスリカやガガンボなど、ハエ目の昆虫には、光に誘引される種類もいますが、カは光に誘引されません。
　ライトトラップは、カや農業害虫の防除あるいは調査用に、網の袋に虫を吸い込むための送風器がついた機具の総称です。この装置は、農業害虫を光で誘引してファンで強制的に虫を取り込む仕様であったため、「ライト」の名称がついたのでしょう。
　カの調査のためにライトは必要ありません。実際にカを集めるためには、誘因源となる二酸化炭素が発生するドライアイスを使います。

様々な方法での調査

　私はカの専門家ではありません。1999年、アメリカでのウエストナイル熱の報告を見て、身近なカの調査方法について考えました。
　次の年、オビトラップによるカの調査を開始し、成虫が現れる5月から毎週繰り返して10月に終わらせました。2001年にかけて、回収したオビトラップから採集したカ以外の昆虫の卵や幼虫などを飼育[1]し、エサや飼育環境についても研究しながら累代飼育へと繋げました。
　その間に調査方法についての反省点を改良、2002年からオビトラップによる調査を再開し、更なる調査方法についても研究しました。

　ライトトラップには、アメリカのCDC（米国疾病対策センター）が開発したためなのか、CDC型と呼ばれる電池式の、小型でもち運びが楽な機種があります。2003年に、日本製のCDC型ライトトラップを購入し、2004年から木造家屋2階の物干しと墓地で調査をしました。ドライアイスから発生する二酸化炭素でカを誘引するわけですが、二酸化炭素にはカだけではなく、吸血性のノミやダニ、シラミなどの昆虫も誘引されます。

[1] ニッポンアシワガガンボの、東京都での生息報告にも繋がりました。

　5月から10月まで毎月2～3回、夕方から朝までの12時間、2カ所にトラップを設置して、2004年は17回、2005年は16回調査を行いました。
　捕獲した種類は、ヒトスジシマカとアカイエカで、7～8月に捕獲数は多くなりました。
　墓地では両種、木造家屋の2階ではアカイエカだけが捕獲されました。ヒトスジシマカの行動範囲は50～100mといわれ、ひそんだ場所から移動せず、アカイエカは行動範囲が広く、家屋まで飛んでくるということが実証できました。
　捕獲結果は以下の通りです。

1. 2004年：墓地／ヒトスジシマカ♀106、♂13
　　　　　　　　アカイエカ♀63
　　木造家屋2階／アカイエカ♀28

2. 2005年：墓地／ヒトスジシマカ♀264、♂38
　　　　　　　　アカイエカ♀65、♂2
　　木造家屋2階／アカイエカ♀36

　2005年は、墓地ではヒトスジシマカの捕獲数が2倍になりました。
　実は、ライトトラップのモーターを交換したためです。新品の装置であっても、電池やモーターを点検し、適正な風量であることを確認する必要があることを痛感しました。

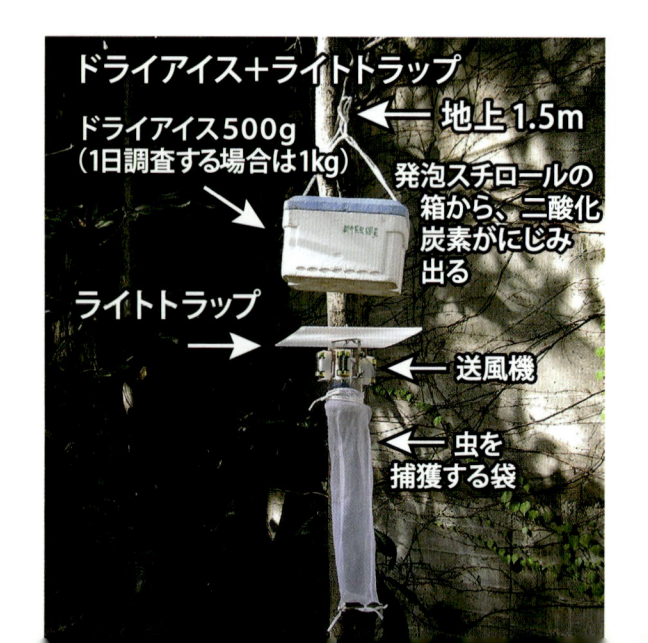

ドライアイス＋ライトトラップ
ドライアイス500g（1日調査する場合は1kg）
← 地上1.5m
発泡スチロールの箱から、二酸化炭素がにじみ出る
ライトトラップ →
← 送風機
← 虫を捕獲する袋

ヒトおとり法によるヒトスジシマカの捕獲調査 2005年6～11月

ヒトおとり法とは、自分に寄ってくるカの成虫を補虫網で捕獲する方法です。昨年のデング熱対策の際には広く行われました。

私は、2005年6～11月の毎月1回午後、港区内の8カ所の公園や緑地、墓地でヒトおとり法によるカの捕獲調査を行いました。

樹木が生い茂り、やや日陰の多い墓地では、月に3～4回、総計17回調査を行いました。長袖長ズボンを着用し、10分間に集まるカの成虫を直径30cm、長さ70cmの捕虫網で採集しました。その際、機材一式を収納するデイパックを身近に置いていました。場所をかえて調査するので、汗などがついたこのバッグにも多数のカが集まってきました。

7～9月の気温の高い時期に捕獲数が多く、捕獲したカのほとんどはヒトスジシマカの雌でした。雌を求めてくる雄や、アカイエカもわずかに捕獲しました。

1. 樹木の多い墓地：17回の総計 582匹
   ヒトスジシマカ♀493、♂89、アカイエカ1
   捕獲数の最も多い時は、8月26日の10分間に176匹。雌が161匹、雄が15匹でした。

2. サッカー場のある公園：6回の総計 168匹
   ヒトスジシマカ♀80、♂88
   捕獲数の最も多い時は、9月3日の10分間に107匹。雌が59匹、雄が48匹でした。

3. 開けた空間のある墓地：6回の総計 230匹
   ヒトスジシマカ♀152、♂78
   捕獲数の最も多い時は、9月3日の10分間に128匹。雌が81匹、雄が47匹でした。

4. スポーツ施設のある緑地：6回の総計 320匹
   ヒトスジシマカ♀234、♂86
   捕獲数の最も多い時は、8月6日の10分間に110匹。雌が103匹、雄が7匹でした。

5. 日陰の公開空地：6回の総計 70匹
   ヒトスジシマカ♀60、♂10
   捕獲数の最も多い時は、9月10日の10分間に26匹。雌が25匹、雄が1匹でした。

6. 臨海部の公園：6回の総計 315匹
   ヒトスジシマカ♀175、♂138、アカイエカ2
   捕獲数の最も多い時は、8月21日の10分間に185匹。雌が86匹、雄が99匹でした。

7. 樹木の多い公園：6回の総計 216匹
   ヒトスジシマカ♀102、♂114
   捕獲数の最も多い時は、7月9日の10分間に129匹。雌が40匹、雄が89匹でした。

8. 車道上の緑地：6回の総計 44匹
   ヒトスジシマカ♀29、♂14、アカイエカ1
   捕獲数の最も多い時は、9月10日の10分間に10匹。雌が10匹でした。

感染症研究所によれば、デング熱感染のリスクを考えると、8分間に8匹を超える場所はカの生息密度が高いと考えると発表しています。

デング熱が問題になっていなかった2005年当時の、ヒトおとり法によるヒトスジシマカ捕獲数は、多い時には10分間で100匹を超える生息密度でした。今後、2005年の調査場所で再び調査を行って、現状の生息密度がどうなっているのか、是非確認したいと思っています。

集合住宅の雨水枡におけるカの生息調査 2004年5〜11月

　ヒトスジシマカとアカイエカの都市での発生源として見逃せないのは、P.44にも登場した雨水枡でしょう。道路や公園などに設置されるほか、集合住宅の敷地にも設置されていることがあります。
　2004年、雨水枡にカの幼虫や蛹がどのくらい発生しているのかを知るために、雨水枡から採水し、カの幼虫と蛹の生息数を調査しました。更に雨水枡周辺にオビトラップを仕掛け、ヤブカなどの産卵数を調査しました。

調査場所

　集合住宅の前面道路に、6カ所設置されたコンクリート製の雨水枡は、縦横35cm、深さ45cm、水のたまる深さは約20cmで、上部に鉄製の格子の蓋がついていました。

調査方法

　5月末から11月末まで月2回、港区のある集合住宅で、6カ所の小規模で単純な構造の雨水枡を調査しました。

1. 午前6時頃、水温をデジタル水温計[1]で測定し、ひしゃくを使って約400ml採水しました。
2. 採水した水から採集したカの幼虫は、属レベルごとに個体数を記録しました。
3. 6月、8月、10月の隔月、採水した水を簡易水質検査[2]で、pHと、水の汚染の指標であるリン酸、化学的酸素要求量(COD)、亜硝酸性窒素を測定しました。
4. 雨水枡周辺の敷地内の緑地に、5個のオビトラップを設置し、7日後に回収をしてヤブカの産卵数を調査しました。

調査結果

　私設の雨水枡なので、公道上にある公共雨水枡に比べて発生するカの種類も個体数も少ないと思われますが、わずかな水量でも十分カの発生源になりうることを確認しました。

1. 雨水枡
    - アカイエカとチカイエカ(以後イエカ)と、ヒトスジシマカ(以後ヤブカ)の幼虫と蛹を確認。
    - 5月下旬から6月下旬まではイエカが多く、7月中旬以降ヤブカが多くなりました。
    - 幼虫と蛹は落葉が堆積し、水中の有機物が多いことを示すリン酸とCODの値が高い雨水枡に多く発生しました。これは、成虫がその水を選択して産卵すると考えられます。
    - カの幼虫以外の昆虫で多かったのは、どの雨水枡でもオオチョウバエの幼虫でした。
    - 落葉の堆積が多い雨水枡ではユスリカやハナアブの幼虫が見られました。
    - どの雨水枡にも、ケンミジンコがしばしば発生していました。

2. オビトラップ
    - ヤブカだけが発生しました。
    - オビトラップのヤブカ産卵数は、5月下旬から9月上旬に多く見られました。
    - 雨水枡のヤブカ幼虫数とオビトラップの産卵数の消長は相似していましたが、それぞれのピークは2週間ずれていました。これは、雨水枡の幼虫が2週間後にオビトラップに産卵する成虫になったのではないかと考えられます。

3. 雨水枡とオビトラップの関係
    - オビトラップの産卵数は雨水枡から近いほど多くなるので、オビトラップはヤブカの発生源の探索と発生源対策後の効果判定に有効ではないかと思われます。

---

(1) デジタル水温計は、Temptec：NT-290を使用しました。
(2) ㈱共立理化学：パックテストを使用しました。

家庭用殺虫剤スプレーによる雨水枡対策 2006年5～11月

雨水枡対策

公共用の雨水枡は、カの発生源のひとつとして重要視され、自治体によっては以下のような防除対策が行われています。

1. 鉄製の格子の蓋にネットの設置。
2. 殺虫剤プレートを吊り下げ。
3. 各種薬剤の防除試験などの対象。
4. IGR 製剤[3]の定期的な投与。

私有地における雨水枡は、所有者などに管理責任があります。

私は、雨水枡のカの発生防止対策について、所有者などに簡便で効果的な方法を普及する方策を考案することが必要だと考えています。

カの防除対策を考えて

現在、都心では防疫用殺虫剤を取り扱っている店舗が限られ、一般人には入手しにくい難点があります。その一方、ピレスロイド[4]系の家庭用殺虫剤スプレーは一般の薬局や量販店などで広く販売されています。

そこで2006年5～11月、身近で入手しやすい家庭用殺虫剤スプレーを雨水枡内に噴霧し、カの発生状況がどうなるか調べてみました。

調査場所

2004年に調査（左ページ参照）し、カの発生源であることを確認した雨水枡。

調査方法

1. 月2～4回、雨水枡の周辺にオビトラップを設置し、カの成虫の産卵活動を調べ、雨水枡内のカの幼虫数を調べました。

2. 週1回、雨水枡内に家庭用殺虫剤スプレーを散布し、その前後の幼虫と蛹の個体数を比較検討しました。

調査結果

1. 雨水枡：イエカとヤブカの幼虫と蛹を確認
   - ヤブカの幼虫と蛹は、調査期間を通して確認しました。
   特に、7月中旬から9月中旬にかけて幼虫と蛹を多数確認しました。
   - イエカの幼虫と蛹は、8月上旬から9月上旬に確認しました。
   - 雨水枡内への家庭用殺虫剤スプレーの散布によって、散布7日後のヤブカとアカイエカの幼虫と蛹は、確実に減少しました。

2. オビトラップ：ヤブカの産卵活動を確認
   - 全調査期間を通して確認しました。

この調査から、家庭用殺虫剤スプレーを雨水枡内に噴霧するのみでも、かなりのカの発生数が抑制されることがわかりました。

しかし、カの個体数をさらに減少させるには雨水枡対策のみならず、周囲の環境整備を行う必要があると考えます。

---

[3] IGR 製剤：昆虫の変態や脱皮をコントロールするホルモンのバランスを狂わせ、脱皮や羽化を阻害する昆虫成長制御剤。
[4] ピレスロイド系家庭用殺虫剤スプレー：ハエ、カ、ゴキブリやダニの駆除用で、一般に市販されています。

粘着トラップによる雨水枡の昆虫生息調査 2007〜2008年

簡便な雨水枡の昆虫生息調査の試み

道路や公園などにある公共用の雨水枡は、都市のカの発生源のひとつとなっています。

そのため各地で、雨水枡内でのカの幼虫や蛹の生息調査、各種薬剤を用いた防除試験が行われています。

港区ではかなり以前から、公共雨水枡（区道、都道、国道の総計26,000カ所）に、毎年5〜10月に月1回、IGR剤であるピリプロキシフェン発泡錠（有効成分5mg/1錠1g中）1錠を投入し、カ類の発生防止対策を行ってきました。

私は、雨水枡から発生・生息するカ類をはじめとする昆虫類を調べてみたいと思い、粘着トラップによる捕獲調査を実施しました。

雨水枡の形

雨水枡の蓋の大きさはコンクリート製で、開口部が3個ある横45cm、縦30cm、厚さ5cmのタイプと、金属製で、横5列、縦8列、幅7mmの格子状のタイプがありました。

調査方法

2007年8〜11月および2008年4〜7月、区内36カ所で月1回行いました。

また、比較対象用にピリプロキシフェン剤などを投入していない港区外の公共雨水枡15カ所で、同様に調査を行いました。

右ページの写真のように、長さ9cm、幅8cm、白色で誘引剤なしの粘着トラップを使用し、トラップを裏返して昆虫を捕獲する粘着面を外側に出して組み立てて、1枡当り1個、タコ糸と針金で蓋から約20cm下の雨水枡の空間に吊るしました。

1. トラップは24時間後に回収し、捕獲した昆虫の種類は目レベルで個体数を記録しました。

2. 捕獲数の大半を占めるハエ目昆虫については科レベルで記録しました。

雨水枡の中には土砂をためる泥だめがあり、この部分に水がたまってカが発生すると考えられています。雨がない時期や枡内の土砂の堆積などの原因で、たまり水のない場合もありましたが、トラップは設置しました。

調査結果：捕獲数と種類

区内および区外の雨水枡における平均捕獲数は2007年、2008年ともに5〜6月に多く7月に減少しました。

区内の調査場所別平均捕獲数は霊園の外周が最も多く、次に公共建物の外周、都市公園の周辺、住宅地の路上、ビル街の歩道の順でした。

捕獲した昆虫類は総捕獲数順に、ハエ目、ハチ目、コウチュウ目、カメムシ目、トビムシ目、バッタ目、ハサミムシ目、チャタテムシ目、アザミウマ目、カゲロウ目の10目の昆虫でした。

10目の昆虫の中では、ハエ目の占める割合が最も多く、区内では86.8％、区外では90.5％でした。次にコウチュウ目（区内：6.5％、区外：4.7％）、ハチ目（区内：4.9％、区外：3.2％）の順で、これら3目で98％以上を占めました。

また、ハエ目を科レベルでみると、区内では総捕獲数順に、チョウバエ科、ユスリカ科、クロバネキノコバエ科、ノミバエ科、ハヤトビバエ科、ミギワバエ科、アシナガバエ科、タマバエ科、ショウジョウバエ科、カ科、トゲハネバ

エ科、ガガンボ科の12科でした。区外で捕獲したハエ目もほぼ同じでした。

コウチュウ目の多くは微小なハネカクシ類、ハチ目の多くはアリ類でした。

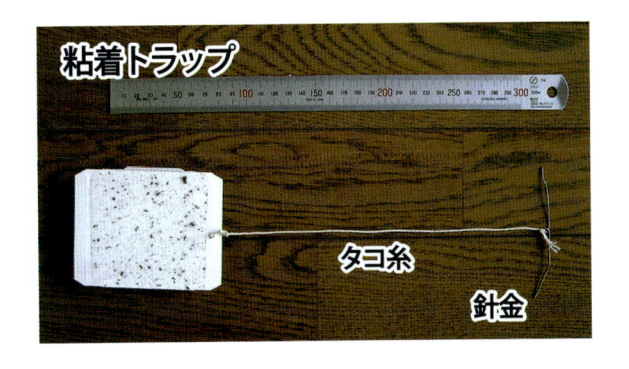

捕獲数の多いハエ目昆虫

捕獲数の多かったチョウバエ科、ユスリカ科、クロバネキノコバエ科は、微小なハエ目昆虫です。区内の雨水枡では、いずれの種類も5〜6月に増加しました。

区内におけるチョウバエ科の総捕獲数1494匹の内、約98％はホシチョウバエならびに類似種のチョウバエ（以下、ホシチョウバエ類）であり、約2％がオオチョウバエでした。

チョウバエ科は住宅地の車道や公共建物の外周で多く捕獲しました。チョウバエ科はより人為的な影響が強い、汚濁の進んでいるような環境に多いことから、下水道で発生したホシチョウバエ類が排水管を伝わって、雨水枡内に出没することが考えられます。

ユスリカ科の総捕獲数961匹の内、約1％はセスジユスリカでした。しかし約99％は大きさが約2mmで雌の触角が数珠状、一見ヌカカのような外観の種類が多数含まれていました。

クロバネキノコバエ科は体長2〜3mmの、翅を含めて体全体が黒褐色のコバエの1種です。幼虫は土壌動物で、土壌が発生源と考えられていて、最近、岐阜や京都など各地で本種の集団発生が問題になっています。

ユスリカ科、クロバネキノコバエ科は霊園の外周で平均捕獲数が多いことから、雨水枡のたまり水や汚泥の他に、霊園の花立てや水受け、土壌などから発生した個体が侵入したことが考えられます。

ピリプロキシフェンの影響

チョウバエ科、ユスリカ科、クロバネキノコバエ科は、ピリプロキシフェン剤を施用した雨水枡と施用しない雨水枡で、ほぼ同程度に捕獲しました。

なかでもチョウバエ科は、区内の雨水枡では捕獲数の優占種で、無処理の区外の雨水枡と同等以上の平均捕獲数を確認しました。

ピリプロキシフェン剤は、水中での使用を目的としている発泡錠であるため、土壌や汚泥では十分に幼虫に接触できないので、羽化阻害効果が現れにくいことが考えられます。

また、下水道管などで発生したホシチョウバエ類の成虫が、排水管を通じて頻繁に雨水枡内に出現していることもあるでしょう。

カ類の捕獲状況

1. **区内の雨水枡**：カ類の捕獲は1個体と少ない結果でした。

2. **区外の雨水枡**：5〜11月に、イエカ14個体、ヤブカ19個体、計33個体を捕獲しました。

区内の雨水枡でカ類の捕獲が少なかった原因のひとつは、カの発生時期にピリプロキシフェン剤の定期的な施用が行われているためでしょう。

私は、アメリカでのウエストナイル熱の発生を知ってから12年、オビトラップ、ライトトラップ、ヒトおとり法、粘着トラップなどで、ヤブカの生息調査を継続してきた結果、カ類の生息状況の把握が、ある程度できたと思っています。

都市装置の中の生物　Ⅱ．ユスリカなど

飲料水用高置水槽に発生したユスリカ

高置水槽

＊高置水槽には、このような形のほか球形や円筒形などがあります。近年は増圧ポンプの性能が向上し、高置水槽を設けず、高層階まで水が送られる給水方式が採用されています。

　飲料水は、一戸建ての住宅へは水道管から直接供給されます。一方、ビルやマンションなどでは、水圧や使用量の関係で、水道管から直接供給することは難しく、受水槽にためてから各戸へ給水します。

　給水方式にはいろいろあって(P.58)、以前は屋上に高置水槽という水槽を置き、そこから重力で各階に給水していましたが、現在は加圧ポンプで受水槽から送る方式が主流です。

　貯水槽は、衛生的な状態にあるべきですが、清掃や点検が不十分な場合には、水槽内や周辺に昆虫などが侵入したり、発生したりすることがあります。

　1993年に実際にあった事例を紹介します。
　ビルの住民から「飲み水に藻のようなものが入っている」との電話を受けて調査をすると、高置水槽の内壁面に藻類が絨毯状に繁茂していました。藻の中にはユスリカの幼虫が営巣し、水面には、成虫の死骸が多数浮遊していました。

　発生していたユスリカはヤモンユスリカでした。この種は富栄養化した停滞水域に発生し、春から秋にかけてウナギの養魚場で大発生することが知られています。

　高置水槽への侵入経路は防虫網のなかったオーバーフロー管と考えられます。

高置水槽内に発生した藻とユスリカ

飲料水系貯水槽と昆虫の発生について

港区内で昆虫などが発生した事例

1. 水槽内壁面のトビムシ

貯水槽の置かれた場所（受水槽室）が地下室にあり、換気設備がうまく働かず多湿状態でした。点検のために水槽を見ると、水槽壁面に動くものがあり、採集して調べたところ、発生したカビを食べるトビムシでした。

＊トビムシ：多くは3mm以下の小さな虫で翅はなく、腹面の跳躍器でピョンピョン跳ねます。土壌に生息し腐植物を食べる昆虫です。

2. 受槽室床面に、オオチョウバエの幼虫

受水室に排水管からの漏水がたまり、オオチョウバエの幼虫が床面に発生していました。

＊オオチョウバエ：英語では、ガのようなハエ（Moth fly）や風呂場のハエ（bathroom fly）と、呼ばれています。成虫は黒灰色のハート型をした小さいガのような虫で、トイレや風呂場の壁面にとまっていることがあります。ハエという名前ですが分類的にはカに近い昆虫です。
　幼虫は、黒い筋のある細長いウジ虫で、ぬるぬるした汚泥を食べます。
　排水槽や浄化槽、厨房のグリーストラップ、浴槽の下などの汚泥を清掃することで発生を防げます。

3. 高置水槽から給水された飲み水に、アリ

貯水槽には、水槽内の気圧や水量の調整のためにオーバーフロー管や通気管が取りつけられていて、本来これらには防虫のための防虫網が設置されています。この防虫網が破損したり、最初から取りつけられていなかったりすると、虫や野鳥が入ることがあります。
　この事例では、建築物に隣接する墓地で発生したと思われる、サクラアリの羽アリが、多数侵入して飲料水を汚染していました。

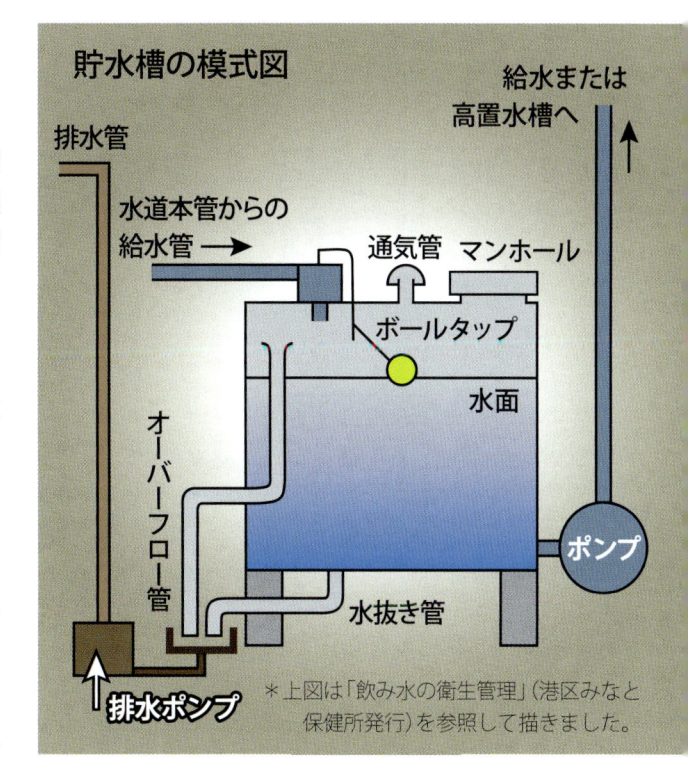

貯水槽の模式図

＊上図は「飲み水の衛生管理」（港区みなと保健所発行）を参照して描きました。

＊サクラアリ：体長1〜1.5mmの微小なアリ、体は褐色から暗褐色、触角と脚はやや淡色で、羽アリは、10〜11月に現れます。
　裸地、攪乱地に生息し、土中に営巣します。

港区以外での事例など

4. チカイエカやチョウバエの発生

受水槽室の下に排水管や湧水槽を設置することがあります。
　その管理が不十分な場合には、排水槽から発生したチカイエカやチョウバエが防虫網のやぶれたオーバーフロー管などから受水槽に侵入します。

5. 初夏の屋上に、カベアナタカラダニが発生

屋上に多数発生したカベアナタカラダニが、近くの高置水槽に侵入することがあります。

＊カベアナタカラダニ：胴長約0.4〜1mmの微

都市の水環境の管理

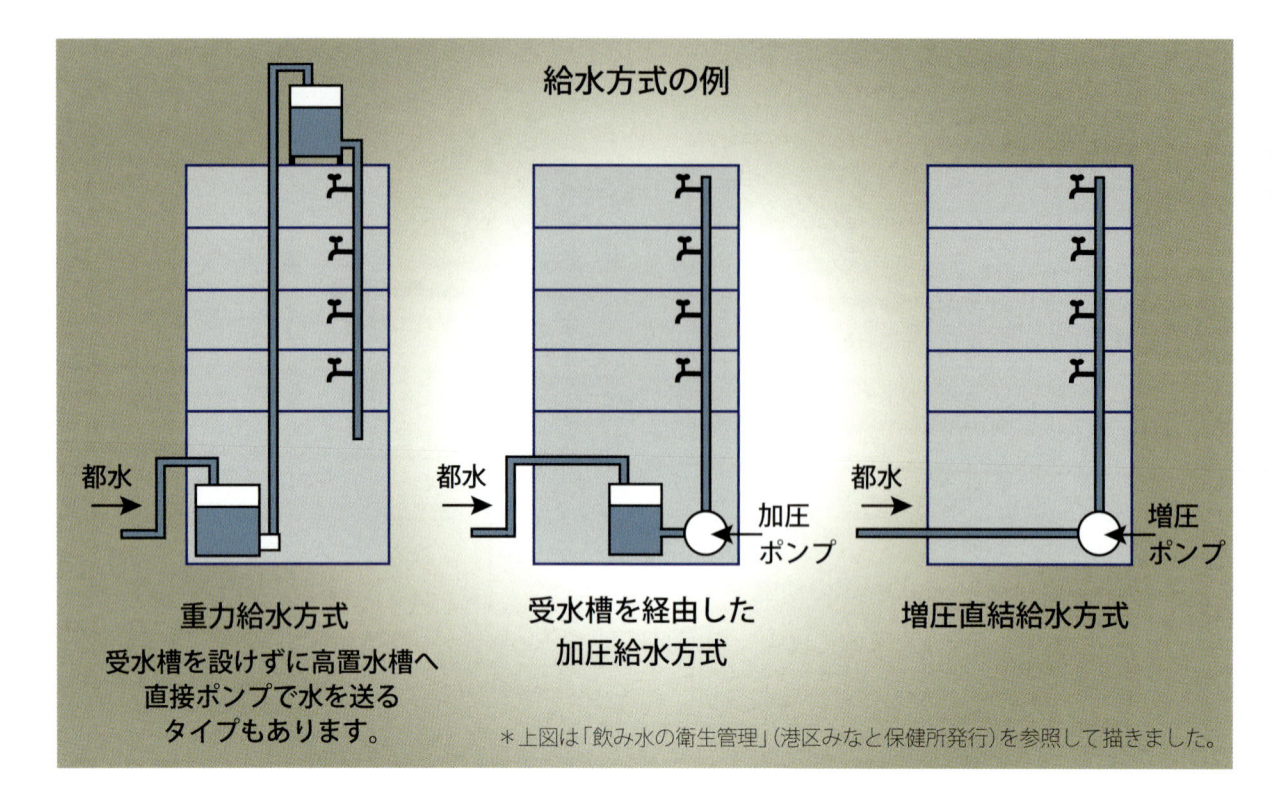

給水方式の例

重力給水方式
受水槽を設けずに高置水槽へ直接ポンプで水を送るタイプもあります。

受水槽を経由した加圧給水方式

増圧直結給水方式

＊上図は「飲み水の衛生管理」（港区みなと保健所発行）を参照して描きました。

小なダニで全身が赤く、毎年春から初夏にかけて建物（特に屋上）やその周辺に大量発生しますが、この時期以外はほとんど目立ちません。室内に侵入したり洗濯物などについたりするため不快感を与えることがあります。人を刺すことはほとんどありませんが、つぶして皮膚につくと炎症を起こす可能性があります。

壁の隙間や割れ目などに産卵します。花粉や昆虫を食べる雑食性です。

6．ササラダニやコナダニの発生

高置水槽内に藻が発生すると、その中に水生のササラダニやコナダニが発生する場合があります。

貯水槽の防虫構造

貯水槽には、水槽内の気圧や水量の調整のための開口部として、オーバーフロー管や通気管があるので、目の細かい防虫網を設置することや、マンホールの密閉構造のように、しっかりとしたパッキンをつけます。貯水槽の管理としては、年1回以上清掃し、定期的な点検で異常がないことを確認することが大切です。

プールの場合

プールは水質確保のために、消毒用に残留塩素を0.4mg/l以上確保しています。しかし、屋外にあるプールは日射が強く、土砂や落ち葉が入り、風雨にさらされる環境にあります。

降雨などで、塩素が確保されない状態が続くと藻が発生し、ユスリカの幼虫のアカムシなどが発生することがあるので注意しましょう。

年間使用する屋内プールにおいても、清掃状況などで、水底などの沈殿物にミズモンツキダニなどの水生で耐塩素性のダニ（プールダニ）や、ウスイロユスリカという種類のユスリカが発生することがあるので清掃が重要です。

アベリア

2013.3.9

Abelia × grandiflora (Rovelli ex André) Rehder

×2

スイカズラ科　園芸品種

5〜10月と長期に渡って、芳香性が強い鐘形の小さい花を多数咲かせる常緑低木

別名／ハナゾノツクバネウツギ
花弁数／5裂の釣り鐘状合弁花
花径／1cmほど
樹高／50cm〜2m
分布／日本全土の公園や道路沿いに数多く植栽
原産地／東アジア、メキシコにおよそ30種が分布し、日本にも2種が自生

＊多様なハチやチョウなどが吸蜜に集まります。

採集　花には多くの昆虫が集まります。採集・観察して描きました。

生態　アベリアの葉を加害する昆虫は少ないのですが、アジサイ、ツツジなどと混在している植え込みでは、アオドウガネの食痕が確認されました。

人との関係　病害虫が少なく、丈夫で手入れがしやすいので、生け垣や植え込みに植えられています。

都市装置の中の生物　Ⅲ. 水路際の緑地に発生する昆虫

ハエ誘因トラップによる緑地の昆虫生息調査 2005年6～10月

都市という装置を構成する要素のひとつ、緑地は防音や防火などの機能に加え、ヒートアイランド現象を緩和します。また、人々に安らぎを与え、緊急時には、避難場所になる空間として提供されます。更に、鳥類や昆虫などのビオトープとしての意義も検討されています。

調査場所

2005年6～10月、港区にある運河(幅15m)沿いの長さ約550m、幅4mの歩道と、幅2～4mの植栽で構成されている小緑地において、生息する昆虫類を把握することを目的として、20％砂糖溶液と、酵母を成分とするハエ誘引トラップによる調査を試みました。

運河には東側と西側の緑地があって、東側の緑地は事務所ビルと集合住宅に接しており、その境には高さ3mほどの生垣状のアラカシ、ピラカンサが配置されています。またフェニックス、キンモクセイ、ハナミズキ、アジサイなどの樹木の他、部分的にセイヨウキヅタやシダが繁茂しています。

西側の緑地は集合住宅4棟に接しています。集合住宅との境に高さ4mほどの生垣状のアラカシ、カナメモチ、カイズカイブキが配置され、部分的にアベリア、ハマヒサカキ、サザンカ、グミなどの低木が植えられています。

調査方法

1. トラップの容器、直径15cm、高さ9cm。

2. 誘引液、砂糖200g、水1000㎖、ドライイースト2g、界面活性剤を数滴入れて撹拌し、容器に、約330㎖注入したもの。

3. 植栽の陰の地面に設置し、7日後に誘引液と浸漬された昆虫類を回収し、水洗後に無水エタノールで保存しました。

調査結果

捕獲した昆虫はハエ目、ハチ目、コウチュウ目、チョウ目、ゴキブリ目、バッタ目でした。多くはハエ目で、ショウジョウバエ科のハエでした。

6～7月は、ショウジョウバエ科を中心としたハエ目昆虫が多く、ショウジョウバエ科の多くは、キイロショウジョウバエ、オナジショウジョウバエなどでした。他にオオショウジョウバエ、ヒョウモンショウジョウバエ、オウトウショウジョウバエを捕獲しました。8月以降はハチ目のアリ類の捕獲数が多くなりました。

ショウジョウバエの発生源として、緑地周辺に生えていたヤマモモやビワなどが初夏から夏にかけて結実し、落下した果実が醗酵したことなどが考えられます。

＊ショウジョウバエ類：いわゆるコバエと呼ばれる小型のハエの一つのグループです。欧米では果物のハエ(Fruit fly)と呼ばれ、発酵した果実、樹液、腐植物に発生します。

食品ではイースト。イーストにより発酵した食品に敏感に反応して集まって産卵します。

飛翔力が高く、果汁、パン、乳製品、酒造、味噌、醤油などの食品工場では重要な害虫です。

家庭では厨芥から発生するので、台所の清掃が重要です。室内の優占種はキイロショウジョウバエ、オナジショウジョウバエなどです。

なお、キイロショウジョウバエは生物学の研究材料として広く利用されています。

自然地形活用型庭園を引き継いだ緑地

　港区には、近代都市として装置化をされていない緑地があります。明治維新後、明治政府に接収され、主要官庁や大学、大使館などに利用された大名屋敷の跡地です。既に数百年間ヒトが暮らした土地で、趣向を凝らした庭園が有ります。人力に頼る土木工事にしては大規模に地形を変えたり、大きな石を運んだりはしていても、大筋は自然地形や地場植物を利用したため、その当時からの土壌環境や生物が残されています。

　港区には、20件以上の大名屋敷の跡地を利用した施設がありますが、緑地がそのまま残っている場所は多くはありません。

国立科学博物館附属自然教育園

　20ヘクタールある園内には自然状態の常緑広葉樹林が残されていて、1436種の植物、2130種の昆虫、130種の鳥類が記録されていると紹介されています。

　園内では定期的な毎木調査[1]、移入植物や生物季節[2]の調査が行われていますが、植物などの遷移を観察するとのことで、いわゆる庭園としての手入れが行われないため、不快害虫が大量に発生し、近隣の住宅に入ることなどもありました。

港区緑と生きもの観察会・調査会

　区内には、2000種類以上の多様な生きものがすみ、身近な公園や水辺などで生きものについて調べて学ぶ観察会や調査会も開催されています。

　私の子ども時代とは違い、区報などで観察会や調査会の募集があり、その様子は区のホームページでも見られます。

　例年、セミの羽化観察会が盛況のようです。私の通勤路には公園などはなく、ビル街の舗装道路ばかりですが、毎夏何種ものセミの声を聞き、死骸にも出会います。

[1] 樹木ごとに、樹種、幹周、高さを測ります。
[2] ウメ・サクラの開花日、ウグイスやアブラゼミの初鳴き日など。

アブラゼミ

Graptopsaltria nigrofuscata (Motschulsky)

×1.8

カメムシ目　セミ科　採集個体

東京都内で最も多いセミ
2〜4年土の中で育ち、7〜10月に現れる

成虫と幼虫の食餌／樹液
成虫の体長／56〜60mm
幼虫期／地下で生育、成虫期と卵期は地上
分布／北海道から九州、屋久島
越冬態／卵（枯れ枝などの内部）

＊セミの翅の多くは透明です。
アブラゼミは、前後とも褐色で不透明な翅をもつため、世界的には珍しいセミです。
また、「夜鳴き」をすることでも有名です。
成虫は、ナシやリンゴなどの果実に被害を与えることがあります。

生態　越冬した卵は初夏に孵化し、幼虫はすぐに地面に落ちて地中へもぐり、そこで幼虫期を過ごします。木の根から樹液を吸い、数回の脱皮を繰り返して成長し、老熟した幼虫は、夕方地上に現れて周囲の樹などに登り、日没後に羽化を始めます。成虫期は街路樹や公園の樹木にとまって樹液を吸います。

との関係　本種と、次ページのミンミンゼミは、東京都の都心部でも見られる夏の虫の代表でしょう。地面に落ちている死骸を見ることも多く、それを観察して描きました。

ミンミンゼミ

Hyalessa maculaticollis (Motschulsky)

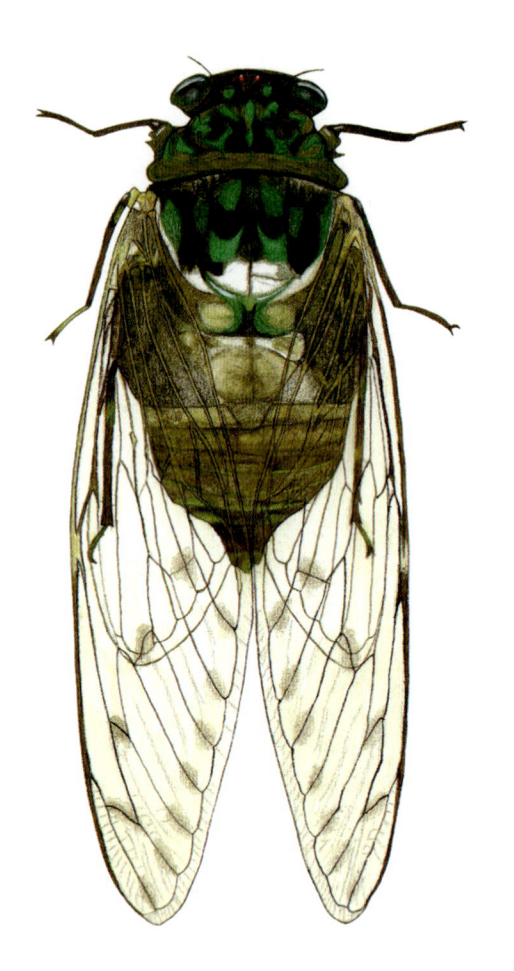

2008.12.27

×2

カメムシ目　セミ科　採集個体

成虫は7～9月上旬に現れ、幼虫は土の中で育つ

成虫と幼虫の食餌／樹液
成虫の体長／33～36mm
幼虫期／2～4年
分布／北海道南部・本州・四国・九州
越冬態／卵（枯れ枝などの内部）

＊翅が体に対して大きいために、全体的にはアブラゼミとほぼ同じ大きさに見えます。

生態 成長などは、アブラゼミと同じ。幼虫は、傾斜地の樹木に生息することが多く、西南日本では低山地で見られます。しかし、関東以北では平地でも見られ、東京都23区や仙台市などでは、街中にも数多く生息しています。

人との関係 最近では環境教育や自然観察の方法として、セミの抜け殻を調べ、その地域のセミの種類や個体数を把握することが、広く行われています。

さくいん

あ
アオドウガネ ... 31, 32, 33
アカイエカ ... 49
空き地 ... 25
アブラゼミ ... 63
アベリア ... 59
ウエストナイル熱 ... 43
雨水枡 ... 52, 54
雨水枡対策 ... 53
衛生害虫 ... 36
益虫 ... 28
黄熱 ... 43
オオイヌノフグリ ... 9
オオチョウバエ ... 57
オッタチカタバミ ... 13
オビトラップ ... 38, 47, 48, 52

か
害虫 ... 28
街路樹 ... 17, 26
カの防除対策 ... 53
カベアナタカラダニ ... 57
カラスノエンドウ ... 14
感染症 ... 42
公開空地 ... 25
高置水槽 ... 56
コナダニ ... 58

さ
サクラアリ ... 57
ササラダニ ... 58
雑草 ... 24
雑草管理 ... 25
ショウジョウバエ類 ... 61
生活害虫 ... 36

た
チクングニア熱 ... 43
貯水槽 ... 57
ツゲノメイガ ... 29, 30
つる植物 ... 15
デング熱 ... 43
都市害虫 ... 36

都市装置 ... 27
トビムシ ... 57

な
ナガミヒナゲシ ... 12
ニッポンアシワガガンボ ... 38, 39, 40
日本脳炎 ... 43
粘着トラップ ... 54
ノシメマダラメイガ ... 37

は
ハエ目昆虫 ... 55
ハエ誘因トラップ ... 61
ハナアブ ... 41
ハルノノゲシ ... 10
ヒトおとり法 ... 51
ヒトスジシマカ ... 44, 45, 46, 47, 51
ヒメナガカメムシ ... 34, 35
ピリプロキシフェン ... 55
フィラリア ... 43
プール ... 58
不快害虫 ... 34, 36
プラタナス ... 17
プラタナスグンバイ ... 18, 20, 21
ヘクソカズラ　22
ヘクソカズラグンバイ ... 23

ま
マラリア ... 43
ミチタネツケバナ ... 11
ミツユビナミハダニ ... 34
ミンミンゼミ ... 64
モミジバスズカケノキ ... 19

や
ヤブカ ... 38, 42, 48
ユスリカ ... 56
ヨコヅナツチカメムシ ... 34

ら
ライトトラップ ... 50
緑化植物 ... 16
緑地 ... 25
ロゼット ... 15

65

あとがき：中野 敬一

　私の今までの人生について振り返ってみると、子どもの頃から一貫して「虫」を中心とした自然や生物に、強い関心をもち続けてきたということを改めて実感します。

　パソコン普及前の論文作成は、手書きの原稿を何度も修正し、発表用スライドをリバーサルフィルムで撮影したり、スライド作成会社に依頼したりと、大変手間とお金のかかる作業でした。ところが、パソコンや使いやすいソフトの普及で、私でも形にすることができるようになりました。
　近年、学会誌への投稿者が減少し、都市での自然観察について投稿すれば、受けつけてもらえるところが増え、雑誌に掲載されることが可能になりました。

　私はプロの研究者ではないので資金は望めず、豊富な資料、しっかりした実験計画や統計処理、検査設備、十分な標本数などと、成果や責任を問われる仕事としての調査研究を行うことは不可能です。
　しかし、興味関心をもち続け、あきらめずに限られた時間とできる範囲内の実験計画で、少ない標本数、単純な統計処理、目視観察や顕微鏡レベルの検査、図書館やインターネット検索での資料入手など、身の丈に合わせた方法で形にしてきました。報告が雑誌に掲載されれば、私的な記憶、経験ではなく、社会的な記録になります。
　発表した論文を読み返すと間違いが目につき、訂正してまとめ直したいとも思います。今後はどこかの研究生として、専門家の意見を聞きながら調査をしたり、論文を書いたりしたいと考えています。また、日常的な観察はこれからも継続して行っていこうと思います。
　私は夏休みの宿題感覚で、生まれた街の歴史や文化を把握するように、生物についての郷土史を編纂するイメージで、身近な生物を知り、理解する一環のために調査をしてきました。

　業務としての研究のように、目的のはっきりした調査ではありません。
　以前ある研究会で「興味深き日常は研究の入口である」というテーマで、私がこれまで行ってきた調査について話したことがあります。私はその時、都市を個人的な好奇心で観察していることを自覚しました。学問的や社会的に意義の高い仕事は、職業的研究者や専門家にお任せし、「自分の生活圏で日々楽しく、できれば新しいことを見つけたい」と考えているのです。

　今回、私がこれまで書いてきた論文や博物画を中山さんが編集し、平易な文章に置きかえたり、適切な解説を入れたりしてくださいました。改めてあちこち撮影しながら観察し直したものもあり、本作りは想像していた以上に楽しい作業になりました。理科や理科教育に関心のある人々のご参考になれば著者として嬉しく思います。ご協力いただいた方々、出版社の方々に感謝いたします。

あとがき：中山 れいこ

　中野さんが私たちの展覧会にきてくださり、アトリエの博物画教室にご参加いただくようになってから10年たち、これまでに50枚くらいの作品が完成しました。その間、カやアオドウガネなどの調査をしておられることを聞いていましたが、それはお仕事だと思っていました。
　しかし、調査をしていたのは「夏休みの宿題の延長」なのだとうかがって「なんと楽しいことでしょう！」と思いました。
　子どもたちが不思議を見つけて、「それって何？」とのめり込む感覚は、学びの基本です。

　身近な植物に密かに不思議な形の侵入種が生息していることを、中野さんの作品で知りました。また、結果が誰の役に立つのかなどとは考えず、こつこつ10年もヤブカの調査をされたり、雨水枡で調査をされてきたことは、昨今のヒトスジシマカについてのポスターや、テレビなどで言われていることについての理解に繋がり、対処の仕方ががわかります。
　この本の共著者となって都市の自然についてさらに興味が深まりました。

中山れいこの紹介

博物画家、図鑑作家、環境教育アドバイザー、グラフィックデザイナー。
博物画の製作・普及などを行う アトリエ モレリを主宰。ボランティアグループ「緑と子どもとホタルの会」代表。東京で育ち、幼少のころより生物相の豊かな生態系を目のあたりにし、植物や昆虫に関心をもつ。
1966年ころから書籍デザインを手掛け、雑誌などに執筆する。

著書

『カメちゃんおいで手の鳴るほうへ（共著）』（講談社）
『小学校低学年の食事〈1・2年生〉（共著）』（ルック）
『ドキドキワクワク生き物飼育教室』
①かえるよ！アゲハ　②かえるよ！ザリガニ　③かえるよ！カエル
④かえるよ！カイコ　⑤かえるよ！メダカ　⑥かえるよ！ホタル（リブリオ出版）
『まごころの介護食「お母さんおいしいですか？」』（本の泉社）
『よくわかる生物多様性』
1 未来につなごう身近ないのち　2 カタツムリ 陸の貝のふしぎにせまる
3 身近なチョウ 何を食べてどこにすんでいるのだろう（くろしお出版）
『いのちのかんさつ』
1 アゲハ 2 カエル 3 メダカ 4 カイコ 5 ザリガニ 6 ホタル（少年写真新聞社）
『絹大好き 快適・健康・きれい』（本の泉社）
『虫博士の育ち方仕事の仕方 生きものと遊ぶ心を伝えたい（共著）』（本の泉社）
『このいろなあに はなといきもの』（少年写真新聞社）など。

参考文献

帰化植物について

『帰化植物とつきあうには何が大事か －特に近畿地方における帰化植物の分布の動態、現状と関連して－』
著／植村 修二（2012）雑草研究 57(2)：36-45　日本雑草学会

『日本帰化植物写真図鑑』著／清水 矩宏・森田 弘彦・廣田 伸七（2001）全国農村教育協会

『原色日本帰化植物図鑑』著／長田 武正（1976）保育社

草本植物

『雑草手帳：散歩が楽しくなる』著／稲垣 栄洋（2014）東京書籍

『日本の野生植物 草本Ⅰ.Ⅱ.Ⅲ』
著／佐竹 義輔・大井 次三郎・北村 四朗・亘理 俊次・冨成 忠夫（1982）平凡社

木本植物

『原色日本植物図鑑木本編Ⅰ』著／北村 四朗・村田 源（1971）保育社

『原色日本植物図鑑木本編Ⅱ』著／北村 四朗・村田 源（1979）保育社

『日本の野生植物 木本Ⅰ.Ⅱ（新装版）』著／佐竹 義輔・原 寛・亘理 俊次・冨成 忠夫（2010）平凡社

『日本の樹木 山渓カラー名鑑』著／林 弥栄（1985）山と渓谷社

つる植物

『緑と環境のはなし』編／緑と環境のはなし編集委員会（1994）技報堂出版

街路樹

『街路樹 カラー自然ガイド 16』著／伊佐 義郎（1974）保育社

『街路樹と並木 自然観察シリーズ 27 生態編』著／桜井 廉（1986）小学館

『TOKYO- 街路樹マップ 2003』編／東京都建設局公園緑地部計画課（2003）東京都

『「街路樹」デザイン新時代』著／渡辺 達三（2000）裳華房

プラタナスグンバイ

『我が国におけるプラタナスグンバイ（新称）*Corythucha ciliata* (SAY)（カメムシ亜目：グンバイムシ科）の発生』
著／時広 五郎・田中 健治・近藤 圭（2003）植物防疫所調査研究報告 第 39 号：85-87　植物防疫所

『名古屋市のプラタナス街路樹における *Corythucha ciliata* (SAY) の生活史』著／水野孝彦・近藤 圭・田中健治・岳原有里・出口和夫（2004）植物防疫所調査研究報告 第 40 号：141-143　植物防疫所

『東京都港区におけるプラタナスグンバイの目視観察』
著／中野敬一（2005）昆虫と自然 40(1)：33　ニューサイエンス

『プラタナスグンバイ成虫の越冬状況』著／中野 敬一（2007）昆虫と自然 42(6)：19　ニューサイエンス

『平成15年度 病害虫発生予察 特殊報 第 1 号（プラタナスグンバイ）』 東京都病害虫防除所（2003）東京都

『TOKYO-街路樹マップ2003』編／東京都建設局公園緑地部計画課（2003）東京都

ヘクソカズラ

『ミクロの自然探検 －身近な植物に探る驚異のデザイン－（4.花の中の花園 － ヘクソカズラ）』
著／矢追 義人（2011）：39-48　文一総合出版

『ヘクソカズラヒゲナガアブラムシに含まれるナミテントウの摂食阻害物質』
著／西口 伸大・深海 浩（1984）日本応用動物昆虫学会講演要旨 (28)．p41

ヘクソカズラグンバイ

『地球温暖化と南方性害虫（近年侵入したグンバイムシ3種の分布拡大）』編／積木 久明（2011）：39-48　北隆館

『ヘクソカズラグンバイの侵入と分布拡大－大阪府下の分布状態について－』著／山本 博子（2005）
昆虫と自然 40(4)：16-17　北隆館

『徳島県におけるプラタナスグンバイとヘクソカズラグンバイの発生』著／山田 量崇・行成 正昭（2009）
徳島県立博物館研究報告 19：51-54　徳島県立博物館

雑草について

『雑草手帳：散歩が楽しくなる』著／稲垣 栄洋（2014）東京書籍

『スキマの植物図鑑』著／塚谷 祐一（2014）中公新書 2259　中央公論新社

『雑草社会がつくる日本らしい自然』著／根本 正之（2014）築地書館

都市の植物の変遷

『東京都内の公園における植栽樹木の推移について』著／内田 均・久保田 和美（2004）
平成16年度日本造園学会全国大会研究発表論文集 (22)　67(5)：457-460　日本造園学会

『街路樹マップ 2003』編／東京都建設局公園緑地部計画課道路緑化計画係（2003）東京都

『「街路樹」デザイン新時代』著／渡辺 達三（2000）裳華房

緑地や街路樹の外来種

『外来種ハンドブック』編／日本生態学会・村上 興正・鷲谷 いづみ（2002）地人書館

『日本の樹木（山渓カラー名鑑）』著／林 弥栄（1985）：640　山と渓谷社

『Bark-carving behavior of the Japanese horned beetle Trypoxylus dichotomus 』
著／ Hongo Y（2006）septentrionalis (Coleoptera:Scarabaeidae) J.Ethol. 24:201-204

『日本産蛾類大図鑑 I. 解説編』著／井上 寛・杉 繁郎・黒子 浩・森内 茂・川辺 湛・大和田 守（1982）：681
講談社

『原色日本植物図鑑 木本編 I.』著／北村 四郎・村田 源（1971）：92pp　保育社

『侵入生物データベース　トウネズミモチ』掲載／独立行政法人　国立環境研究所（2015.1）　ウェブサイト
『生物多様性こうち戦略』編／高知県林業振興・環境部環境共生課（2014）：47　高知県　ウェブサイト
『建築家・園芸家のための都市緑化読本』著／近藤 三雄（2007）NTS

益虫と害虫

『応用昆虫学　－三訂版－』著／安松 京三・山崎 輝男・内田 俊郎・野村 健一（1977）朝倉書店
『昆虫学大辞典』総編集／三橋 淳（2003）朝倉書店
『家屋害虫事典』編／日本家屋害虫学会（1995）井上書店

ツゲノメイガ

『原色日本蛾類幼虫図鑑（下）』監修／一色 周知　著／六浦 晃・山本 義丸・服部 伊楚子・黒子 浩・児玉 行・保田 淑朗・森内 茂・斉藤 寿久（1969）：79　保育社
『原色樹木病害虫図鑑（保育社の原色図鑑54）』著／奥野 孝夫・田中 寛・木村 裕（1977）：90　保育社
『ツゲノメイガの生活史に関する研究 I. 成虫の発生時期と発育速度』著／丸山 威・真梶 徳純（1987）日本応用動物昆虫学会誌 31(3)：226-232　日本応用動物昆虫学会
『ツゲノメイガの生活史に関する研究 II. 幼虫の発育経過』著／丸山 威・真梶 徳純（1991）日本応用動物昆虫学会誌 35(3)：221-230　日本応用動物昆虫学会
『ツゲ種類間におけるツゲノメイガの被害差異』著／丸山 威（1992）日本応用動物昆虫学会誌 36(1)：56-58　日本応用動物昆虫学会

都心における不快害虫

『都心におけるヨコヅナツチカメムシの集団発生』著／中野 敬一（2004）家屋害虫 26(1)：1-4　日本家屋害虫学会
『住宅地の空地におけるヒメナガカメムシ幼虫の集団発生』著／中野 敬一（2008）家屋害虫 30(1)：15-18　日本家屋害虫学会
『東京都港区の空地におけるミツユビナミハダニの集団発生』著／中野 敬一（2014）都市有害生物管理 4(2)：87-89　都市有害生物管理学会
『農林有害動物・昆虫名鑑（増補改訂版）』編／日本応用動物昆虫学会（2006）日本植物防疫協会
『日本原色カメムシ図鑑』監修／友国 雅章　著／安永 智英・高井 幹夫・山下 泉・川村 満・川澤 哲夫（1993）全国農村教育協会

ヒメナガカメムシ幼虫

『微気象の探求　生活のなかの観察と活用 -NHK ブックス-』著／大後 美保（1977）：98-99　日本放送協会
『ヒメナガカメムシの生活史』著／日高 輝展（1957）新昆虫 10(1)：27-29　北隆館

『ミナミマルツチカメムシの生態 Ⅰ. 生息状況・発育・世代経過について』著／池本 孝哉・江下 優樹・山口 徹麿・高井 鐐二・栗原 毅（1976）衛生動物 27(3)：231-238　日本衛生動物学会

『ミナミマルツチカメムシの生態 Ⅱ. 大飛来とその誘発要因について』著／池本 孝哉・江下 優樹・山口 徹麿・高井 鐐二・栗原 毅（1976）衛生動物 27(3)：239-245　日本衛生動物学会

『ハウスイチゴを吸収加害するヒメナガカメムシ』著／川沢 哲夫・大平 幸子（1978）農薬研究 25(1)：48　日本特殊農薬製造 株式会社

『ヒメナガカメムシによるイネ苗の吸汁被害』著／城所 隆・大場 淳司（2003）北日本病害虫研究会報 (54)：93-95　北日本病害虫研究会

『Summer raids of *Arocatus melanocephalus* (Heteroptera, Lygaeidae) in urban buildings in Northern Italy: Is climate change to blame?』著／Lara Maistrello, Luca Lombroso, Elena Pedroni, Alberto Reggiani and Stefano Vanin. Journal of Thermal Biology（2006）31(8)：594-598

『カメムシ類について (2)』名古屋市衛生研究所生活環境部：暮らしの情報（2008）　ウェブサイト

『マルカメムシの発生にみる都市における害虫化の例』著／中村 譲（1975）衛生動物 25(4)：335　日本衛生動物学会

『横浜市における最近注目される2,3の害虫』著／中村 譲（1975）衛生動物 25(4)：353　日本衛生動物学会

『都心におけるヨコヅナツチカメムシの集団発生』著／中野 敬一（2004）家屋害虫 26(1)：1-4　日本家屋害虫学会

『農薬施用の異なる水田の湖畔におけるカメムシ群集の多様性』著／中谷 至伸・石井 実（2002）日本応用動物昆虫学会誌 46(2)：92-96　日本応用動物昆虫学会

『雑草生態学』編著／根本 正之　著／冨永 達・森田 弘彦・村岡 裕由・高柳 繁（2006）：116　朝倉書店

『農林有害動物・昆虫名鑑 増補改訂版』編／日本応用動物昆虫学会 (2006)：346　日本応用動物昆虫学会

『「植物防疫」誌に見るカメムシ類』編／日本植物防疫協会（1999）植物防疫特別増刊号 (No.6)：278 日本植物防疫協会

『徳島市におけるマルカメムシの大発生とその被害について』著／佐藤 英毅（1974）衛生動物 24(4)：323　日本衛生動物学会

『日本原色カメムシ図鑑 - 陸生カメムシ類 -』監修／友国 雅章　著／安永 智英・高井 幹夫・山下 泉・川村 満・川澤 哲夫（1993）：380　全国農村教育協会

『家屋に侵入するカメムシ類と侵入阻止対策』著／渡辺 護（1995）家屋害虫 17(2)：119-130　日本家屋害虫学会

アブラゼミ・ミンミンゼミ

『原色日本昆虫図鑑(下)増補改訂版』共編著[編集]／日浦 勇　共編著／伊藤 修四郎・奥谷 禎一（1977）保育社

『学研中高生図鑑　昆虫Ⅲ』編著／石原 保（1975）学習研究社

『都会にすむセミたち - 温暖化の影響？ -』著／沼田 英治・初宿 成彦（2007）海游社

アオドウガネ

『土壌昆虫（原色図鑑）』編／気賀沢 和男（1985）全国農村教育協会

『日本産コガネムシ上科図説 第2巻 食葉群I』監修／コガネムシ研究会　著／酒井 香・藤岡 昌介
写真／稲垣 政志（2007）昆虫文献六本脚『東京 消える生き物 増える生き物』著／川上 洋一（2010）
メディアファクトリー新書

『コガネムシ類の生態と防除に関する研究2．宮古島におけるアオドウガネ成虫の生態』
著／比嘉 俊昭・照屋 林宏・玉城 俊吉（1978）九州病害虫研究会報 24：132-135　九州病害虫研究会

『コガネムシ類の生態と防除に関する研究3．宮古島におけるアオドウガネ幼虫の生態』
著／比嘉 俊昭・照屋 林宏（1978）九州病害虫研究会報 24：136-138　九州病害虫研究会

『コガネムシ類の生態と防除に関する研究5．アオドウガネ成虫の生態に関する二、三の知見』
著／比嘉 俊昭・照屋 林宏（1979）九州病害虫研究会報 25：94-96　九州病害虫研究会

『東京都港区におけるアオドウガネの発生状況』著／中野 敬一（2004）　鰓角通信（10）：17-20　コガネムシ研究会

『東京都港区におけるアオドウガネ成虫の発生状況』著／中野 敬一（2008）環動昆 19(3)：145-153
日本環境動物昆虫学会

『東京都港区におけるアオドウガネ成虫の発生状況第2報』著／中野 敬一（2010）環動昆 21(3)：177-180
日本環境動物昆虫学会

『東京都港区におけるアオドウガネ成虫の発生状況第3報』著／中野 敬一（2012）環動昆 23(1)：37-41
日本環境動物昆虫学会

『アオドウガネ若齢幼虫の生存と有機物の関係』著／外間 数男（1979）
九州病害虫研究会報 25：170　九州病害虫研究会

『南九州におけるアオドウガネの発生経過』著／山下 琢也・瀬戸口 脩・上和田 秀美・櫛下町 鉦敏（1998）
九州病害虫研究会報　44：67-71　九州病害虫研究会

ニッポンアシワガガンボ

『ファイトテルマータ』著／茂木 幹義（1999）：45　海游舎

『ガガンボの生活』著／中村 剛之（2006）昆虫と自然 41(9)：23-26　ニューサイエンス

『日本産水生昆虫』共編／川合 禎次・谷田 一三　ガガンボ科：著／中村 剛之（2005）：678-679　東海大学出版会

『オビトラップによる東京都港区のヒトスジシマカ生息調査（予報）』著／中野 敬一（2002）
家屋害虫 24(1)：17-23　日本家屋害虫学会

『ヤブカ調査用オビトラップに産卵するガガンボ科の1種 *Tipulodina nipponica* Alexander（新称：
ニッポンアシワガガンボ）の観察』著／中野 敬一（2009）家屋害虫 31(2)：101-107　日本家屋害虫学会

『ヤブカ調査用オビトラップに産卵するガガンボ科の1種 *Tipulodina nipponica* Alexander（新称：ニッポン
アシワガガンボ）の観察(追加報告)』著／中野 敬一（2010）家屋害虫 32(2)：69-71　日本家屋害虫学会

『蚊の科学』著／佐々 学・栗原 毅・上村 清（1976）蚊の生活：76-83　図鑑の北隆館

『日本動物大百科 (9) 昆虫2』：ガガンボ類　著／鳥居 隆史　監修／日高 敏隆
編集／石井 実・大谷 剛・常喜 豊（1997）：110-112　平凡社

『New species and immature instars of crane flies of subgenus *Tipulodina* Enderlein from Sulawesi (Insecta:
Diptera: Tipulidae: *Tipula*)』著／Chen W.Young（1999）68(2)：81-90　Annals of the Carnegie Museum

都市害虫

『写真で見る有害生物防除事典』著／谷川 力・富岡 康浩・池尻 幸雄・白井 英男・吉浪 誠（2007）オーム社

『都市害虫百科』著／松坂 沙和子・武衛 和雄（1993）朝倉書店

『日本の衛生害虫－その生態と駆除－改訂増補』著／鈴木猛・緒方 一喜（1968）新思潮社

『家屋害虫事典』編／日本家屋害虫学会（1995）井上書店

都市装置の中の生物　Ⅰ. カ

『蚊の科学』著／佐々 学・栗原 毅・上村 清（1976）蚊の生活：76-83　図鑑の北隆館

『蚊の不思議・多様性生物学』編著／宮城 一郎（2002）　東海大学出版

『ウェストナイル熱媒介蚊対策ガイドライン』編／ウェストナイル熱媒介蚊対策研究会
分担研究者／小林 睦生　主任研究者／倉根 一郎（2003）　財団法人 日本環境衛生センター

『蚊がわかる！蚊の誤解と正解』著／白井 良和（2004）　害虫防除技術研究所叢書

カが媒介する病気

『蚊の不思議・多様性生物学』編著／宮城 一郎　著／上村 清（2002）
11章 かゆいばかりか病気をうつす蚊―大丈夫か日本は！？：196-223　東海大学出版会

『東京都感染症マニュアル2009』監修／東京都新たな感染症対策委員会（2009）
東京都福祉保健局健康安全部感染症対策課防疫係

『感染症予防必携』編集者代表／山崎 修道（1999）財団法人 日本公衆衛生協会

ヒトスジシマカ

『蚊の科学』著／佐々 学・栗原 毅・上村 清（1976）蚊の生活：76-83　図鑑の北隆館

『衛生害虫の発育休止と移動－生活史戦略として－』編／和田 義人・辻 英明　著／今井 長兵衛（1993）
生活史戦略としてのヒトスジシマカ卵の孵化反応：3-13　環境生物研究会

ヒトスジシマカ生息調査　2000年5～11月

『オビトラップによる東京都港区のヒトスジシマカ生息調査（予報）』著／中野 敬一（2002）
家屋害虫 24(1)：17-23　日本家屋害虫学会

『生物教材としての蚊の調査と観察について』著／中野 敬一（2006）　昆虫と自然　41(11)：43-46　ニューサイエンス

『都市環境で発生する蚊』著／秦 和寿（1981）昆虫と自然 16(6)：40-44　ニューサイエンス

『オビトラップによる徳島市内のヒトスジシマカ分布調査』著／菊地 哲誌他 (1990)
衛生動物 41(1)：67-69　衛生動物学会

『オビ・トラップ（Ovitrap）法による神奈川県下の蚊類の季節消長 (1) 鎌倉市内4住宅地における比較』
著／森谷 清樹（1974）衛生動物 25(3)：237-244　衛生動物学会

『オビ・トラップ（Ovitrap）法による神奈川県下の蚊類の季節消長(2) 都市近郊の墓地におけるヒトスジシマカ
個体群について』著／森谷 清樹（1979）神奈川県研究所研究報告 (4)：45-53　神奈川県衛生研究所

オビトラップによるヤブカ生息調査 2000～2011年

『東京都港区におけるオビトラップの産卵数によるヤブカ類発生状況 (2002-2011年)』著／中野 敬一 (2013)
都市有害生物管理 3(2)：51-55　都市有害生物管理学会

『長崎産ヒトスジシマカの卵休眠と越冬について』著／森 章夫・小田 力・和田 義人 (1981)
長崎大学学術研究成果リポジトリ　ウェブサイト

『デング熱・デング出血熱とチクングニア熱輸入症例』編／IASR (2011) 病原微生物検出情報
(2011) June 32：159-160　国立感染症研究所 感染症情報センター　ウェブサイト

『西宮市内公園の植生に潜むヒトスジシマカの捕集』著／小林 睦生・二瓶 直子・吉田 政弘・平良 常弘・駒形 修 (2012) 衛生動物　第64回日本衛生動物学会大会特集号 63：57　日本衛生動物学会

『蚊の科学』著／佐々 学・栗原 毅・上村 清 (1976) 第6章 蚊の繁殖：107 図鑑の北隆館

『オビ・トラップ (Ovitrap) 法による神奈川県下の蚊類の季節消長 (1) 鎌倉市内4住宅地における比較』著／森谷 清樹 (1974) 衛生動物 25(3)：237-244　衛生動物学会

『オビトラップによる東京都港区のヒトスジシマカ生息調査 (予報)』著／中野 敬一 (2002)
家屋害虫 24(1)：17-23　日本家屋害虫学会

『チクングニア熱』著／高崎 智彦　IASR (2011)
2011年6月号 32：161-162　国立感染症研究所 感染症情報センター　ウェブサイト

『ウェストナイル熱媒介蚊対策ガイドライン』編／ウェストナイル熱媒介蚊対策研究会
分担研究者／小林 睦生　主任研究者／倉根 一郎 (2003)　財団法人 日本環境衛生センター

ライトトラップによるカの生息調査 2004～2005年

『ウェストナイル熱媒介蚊対策ガイドライン』編／ウェストナイル熱媒介蚊対策研究会
分担研究者／小林 睦生　主任研究者／倉根 一郎 (2003)　財団法人 日本環境衛生センター

『霊園における蚊類生息調査－3種の調査法による結果と考察－』著／中野 敬一 (2006)
日本家屋害虫学会 第27回年次大会研究発表要旨集　日本家屋害虫学会

ヒトおとり法によるヒトスジシマカの捕獲調査 2005年6～11月

『都市公園等における人囮法による蚊生息調査』著／中野 敬一 (2005)
第57回 日本衛生動物学会東日本支部大会プログラム・講演要旨集　日本衛生動物学会

『チクングニア熱媒介蚊対策に関するガイドライン』(PDF版) 研究代表者／小林 睦生 (2009)
H21 厚生労働科学研究費補助金　新型インフルエンザ等振興・再興感染症研究事業
「節足動物が媒介する感染症への効果的な対策に関する総合的な研究」厚生労働省 ウェブサイト

集合住宅の雨水枡におけるカの生息調査 2004年5～11月

『集合住宅敷地における蚊生息調査』著／中野 敬一 (2005) 家屋害虫 27(1)：19-22　日本家屋害虫学会

『東京都区内におけるウェストナイルウィルス媒介蚊類の調査』著／花岡 暭・上原 眞一・大橋 則雄・関 比呂伸・村田 以和夫・吉田 靖子・田部井 由紀子 (2004) 東京都福祉保健医療学会誌 108：182-183　東京都

『千葉県におけるカ類の生息調査』著／藤曲 正登・小川 知子・保坂 久義・海保 郁男（2004）
　　第56回 日本衛生動物学会東日本支部大会　講演要旨：16　日本衛生動物学会

『集合住宅敷地内における蚊防除について』著／小原 豊美・吉田 政弘・山下 敏夫・小林 睦生（2004）
　　第20回 日本ペストロジー学会大会一般講演要旨集：47　日本ペストロジー学会

『川崎市内における蚊発生状況調査』著／小泉 智子・橋本 知幸・新庄 五郎・武藤 敦彦・伊藤 靖忠・皆川 恵子（2004）　第20回　日本ペストロジー学会大会一般講演要旨集：50　日本ペストロジー学会

『ヒトスジシマカの生態と分布拡大』著／栗原 毅（2002）生活と環境 47(7)：16-20
　　財団法人 日本環境衛生センター

『オビトラップによる東京都港区のヒトスジシマカ生息調査』著／中野 敬一（2002）
　　家屋害虫 24(1)：17-23　日本家屋害虫学会

『ウェストナイル熱に関する蚊のサーベイランス調査について』著／大森 加代・弓指 孝博・瀧 幾子（2004）
　　第48回 全国環境衛生大会 抄録集：64-65　財団法人 日本環境衛生センター

『本邦産野外捕集蚊からのウェストナイルウィルスの検出結果－2004年度前期報告－』著／沢辺 京子・伊澤 晴彦・星野 啓太・佐々木 年則・福士 克男・宮川 憲三・田村 安雄・佐藤 英毅・津田 良夫・比嘉 由紀子・小林 睦生（2004）第56回 日本衛生動物学会東日本支部大会 講演要旨：21　日本衛生動物学会

『川崎市の公園および周辺における蚊の調査』著／杉本 徳子・佐野 孝祐・佐藤 紳一・杉本 忠・佐藤 英毅（2004）第56回 日本衛生動物学会東日本支部大会 講演要旨 12pp.　日本衛生動物学会

『都市部の総合公園における蚊の生態調査』著／津田 良夫（2004）
　　第56回 日本衛生動物学会東日本支部大会 講演要旨：9　日本衛生動物学会

『都市域における蚊幼虫発生源について』著／山下 敏夫・吉田 政弘・小原 豊美・小林 睦生（2004）
　　第20回 日本ペストロジー学会大会一般講演要旨集：49　日本ペストロジー学会

家庭用殺虫剤スプレーによる雨水枡対策　2006年5～11月

『集合住宅敷地における蚊生息調査（第二報）－家庭用殺虫剤スプレーによる影響』著／中野 敬一（2005）家屋害虫 29(2)：135-140　日本家屋害虫学会

『ヒトスジシマカ - 生態観察と室内飼育』著／江下 優樹・栗原 毅・岡田 一次（1975）
　　昆虫と自然 10(7)：2-5　ニューサイエンス

『都市環境で発生する蚊』著／秦 和寿（1981）昆虫と自然 16(6)：40-44　ニューサイエンス

『都市の雨水枡に発生する蚊』著／秦 和寿・栗原 毅（1982）衛生動物 33(3)：247-248　衛生動物学会

『デング熱媒介蚊に関する一考察：1942～1944年の日本内地のデング熱流行におけるヒトスジシマカ *Aedes albopictus* およびネッタイシマカ *Aedes aygypti* の意義について』著／堀田 進（1998）
　　Med. Entomol. Zool. 49(4)：264-274.　日本衛生動物学会

『蚊の不思議・多様性生物学』編著／宮城 一郎（2002）
11章 かゆいばかりか病気をうつす蚊－大丈夫か日本は!?　著／上村 清：196-223　東海大学出版会

『集合住宅敷地内における蚊防除について』著／小原 豊美・吉田 政弘・山下 敏夫・小林 睦生（2004）
　　第20回 日本ペストロジー学会大会一般講演要旨集：47　日本ペストロジー学会

『川崎市内における蚊発生状況調査』著／小泉 智子・橋本 知幸・新庄 五郎・武藤 敦彦・伊藤 靖忠・皆川 恵子（2004）第 20 回 日本ペストロジー学会大会一般講演要旨集：50 日本ペストロジー学会

『横浜市における蚊類の調査(2) - 雨水枡中の幼虫発生と季節的変動 -』著／小菅 皇夫・亀井 昭夫・小曽根 惠子・金山 彰宏（2005）第 21 回 日本ペストロジー学会大会一般講演要旨集：24 日本ペストロジー学会

『都市害虫百科』著／松坂 沙和子・武衛 和雄（1993）朝倉書店

『ヒトスジシマカ Aedes albopictus の生態知見』著／松沢 寛・北原 洋生（1966）衛生動物 17(4)：232-235 日本衛生動物学会

『オビトラップによる東京都港区のヒトスジシマカ生息調査』著／中野 敬一（2002）家屋害虫 24(1)：17-23 日本家屋害虫学会

『都市公園等における人おとり法による蚊生息調査』著／中野 敬一（2005）第 57 回日本衛生動物学会東日本支部大会講演要旨集：16

『ウェストナイル熱媒介蚊対策ガイドライン』編／ウェストナイル熱媒介蚊対策研究会 分担研究者／小林 睦生 主任研究者／倉根 一郎（2003）財団法人 日本環境衛生センター

『住環境の害虫獣対策』共同編集／緒方 一喜・田中 生男・栗原 毅・篠永 哲・新庄 五郎・橋本 知幸・武藤 敦彦（2000）：252-262 財団法人 日本環境衛生センター

『雨水枡における蚊幼虫の防除試験成績』著／佐藤 英毅（2006）第 58 回日本衛生動物学会東日本支部大会講演要旨集：21 日本衛生動物学会

『川崎市における雨水枡の蚊ーその実態と対策の問題点ー』著／佐藤英毅（2006）Pest Control TOKYO（50）：27-35 東京都ペストコントロール協会

『Dichlorvos 樹脂蒸散剤による公共雨水桝内の蚊類防除について』著／新庄 五郎・石向 稔（2005）第 21 回 日本ペストロジー学会大会 一般講演要旨集：30 日本ペストロジー学会

『川崎市の公園および周辺における蚊の調査』著／杉本 徳子・佐野 孝祐・佐藤 紳一・杉本 忠・佐藤 英毅（2004）第 56 回 日本衛生動物学会東日本支部大会 講演要旨：12 日本衛生動物学会

『ヒトスジシマカにおける産卵のための空間、吸血のための空間』著／高木 正洋・津田 良夫・和田 義人（1989）衛生動物 40(3)：243 日本衛生動物学会

『Spatial and temporal distribution of mosquitoes in underground storm drain system in Orange county, California.』著／Tianyun Su／James P. Webb／Richard P. Meyer／Mir S. Mulla（2003）Jornal of Vector Ecology 28(1)：79-89

『都市部の総合公園における蚊の生態調査』著／津田 良夫（2004）第 56 回日本衛生動物学会東日本支部大会 講演要旨：9 日本衛生動物学会

『看護師さん・ヘルパーさんのための衛生害虫119番：訪問介護ステーション・在宅介護支援センター・居宅事業者・福祉・衛生スタッフ向け手引書』監修／小林 睦夫・関 なおみ 著／矢口 昇（2003）：29-31 矢口昇

『都市域における蚊幼虫発生源について』著／山下 敏夫・吉田 政弘・小原 豊美・小林 睦生（2004）第 20 回 日本ペストロジー学会大会 一般講演要旨集：49 日本ペストロジー学会

『港区における蚊防除への取り組みについて』著／吉田 公晴（2004）生活と環境 49(1)：28-34 財団法人 日本環境衛生センター

『都市域における蚊幼虫防除の検討』著／吉田 政弘・山下 敏夫・小原 豊美・小林 睦生（2005）
第21回 日本ペストロジー学会大会 一般講演要旨集：28　日本ペストロジー学会

粘着トラップによる雨水枡の昆虫捕獲調査 2007～2008年

『粘着トラップによる雨水枡の昆虫捕獲調査』中野 敬一（2009）ペストロジー 24(2)：65-69　日本ペストロジー学会

『都市の雨水ますに発生する蚊』秦 和寿・栗原 毅（1982）衛生動物 33(3)：247-248　日本衛生動物学会

『温暖化・国際化とデング熱・ウェストナイル熱の脅威』今井 長兵衛（2008）ビルと環境 (20)：21-24
公益財団法人　日本建築衛生管理教育センター

『蚊の不思議・多様性生物学』編著／宮城 一郎（2002）
11章 かゆいばかりか病気をうつす蚊－大丈夫か日本は!?　著／上村清：196-223　東海大学出版会

『イタリアにおけるチクングニヤ熱の突然の流行』著／小林 睦生（2007）生活と環境 52(12)：3
財団法人　日本環境衛生センター

『新害虫チビクロバネキノコバエの生態と防除』著／中込 輝雄（1980）植物防疫 34(4)：155-159
社団法人　日本植物防疫協会

『川崎市における雨水枡の蚊－その実態と対策の問題点－』著／佐藤 英毅（2006）
Pest Control TOKYO（50）：27-35　社団法人　東京都ペストコントロール協会

『横浜市内の森林における双翅目、特にクロバネキノコバエ科の土壌からの羽化個体数』
著／須島 充昭・伊藤 雅道（2005）Edaphologia（77）：11-14　日本土壌動物学会

『屋内の汚水から発生するユスリカ Limnophyes natalensis (Kieffer,1914)』著／谷川 力・井上 栄壮・
平林 公男（2009）第24回 日本ペストロジー学会大会プログラム・抄録集：51　日本ペストロジー学会

『港区における蚊防除への取り組みについて』著／吉田 公晴（2004）
生活と環境 49(1)：28-34　財団法人　日本環境衛生センター

『ウェストナイル熱媒介蚊対策ガイドライン』編／ウェストナイル熱媒介蚊対策研究会
分担研究者／ 小林 睦生　主任研究者／倉根 一郎（2003）：1-2　財団法人　日本環境衛生センター

飲料水用高置水槽に発生したユスリカ

『飲料水用高置水槽に発生したユスリカ』著／青木 蓉二・中野 敬一・小林 弦・川尻 敏夫・近藤 洋一・
松島 修（1994）家屋害虫 16(1)：38-40　日本家屋害虫学会

『東京都内の飲料水用高置水槽に出現したダニの同定』著／浅沼 靖（1988）ダニ類研究会会報 15：16
日本ダニ学会

『沖縄の衛生害虫　シリーズ沖縄の自然 12』著／岸本 高男・比嘉 ヨシ子（1986）：86　新星図書出版

『Synonymy,distribution,and morphological notes on *polypedilum* (s.s.) *nubifer* (Skuse)』
著／ SASA/M.and SUBLETTE/J.E.（1980） 31(2)：93-102　Jap.J.Sanit.Zool

『飲料水用高置水槽に生息する藻類等に関する研究（その1、その2）』著／村松 学・本多 浩一（1985）
東京都衛生局学会誌 74：86、75：88　東京都衛生局総務部

『ユスリカとその生活』著／森谷 清樹（1976）　生活と環境　21(10)：52-64
　　　財団法人 日本環境衛生センター

飲料水系貯水槽と昆虫の発生について

『飲料水系貯水槽と昆虫の発生について』著／中野 敬一 (1995) 家屋害虫 17(1)：41-44　日本家屋害虫学会

『健康リビング実践ガイドラインハンドブック（給排水編）』監修／厚生省生活衛生局企画課（1990）：135
　　　財団法人 ビル管理教育センター

『食品工業と害虫』著／三井 英三（1990）　光琳

『飲用 FRP 製水槽における藻類防止対策』著／村瀬 誠（1989）空気調和・衛生工学 63(6)：487-493
　　　社団法人 空気調和・衛生工学会

『飲料水用高置水槽に発生したユスリカ』著／青木 蓉二・中野 敬一・小林 弦・川尻 敏夫・近藤 洋一・
　　　松島 修（1994）家屋害虫 16(1)：38-40　日本家屋害虫学会

『食品・薬品の混入異物対策』編集／緒方 一喜・光楽 昭雄（1984）新思潮社

『受水槽内壁に発生したキノコ状カビ集落の再発防止対策』著／佐野 晃（1995）
　　　第 16 回全国環境衛生職員団体協議会関東ブロック研究発表会　財団法人 日本環境衛生センター

『マンションと仲良く暮らす本：居住者／設計・施工者／管理者への適切アドバイス集』
　　　編著／東京都特別区環境衛生担当主査会 事務事業検討委員会作業部会（1992）
　　　日本環境管理学会　社団法人 全国ビルメンテナンス協会

『技術事例集　水相談あれこれ 2 』編／東京都特別区環境衛生職員研究会技術部会（1987）
　　　設備と管理　2：61-62　オーム社

「飲み水の衛生管理」　東京都港区（1990）

「タンクの水がアブナイ」　横浜市衛生局（1993）

『ダニ・カビ・結露（住まい Q&A）』著／吉川 翠・山田 雅士・芦澤 達（1990）　井上書院

ハエ誘引トラップによる緑地の昆虫生息調査　2005 年 6～10 月

『ハエ誘引トラップによる緑地の昆虫生息調査』著／中野 敬一（2006）ペストロジー 21(2)：49-52
　　　日本ペストロジー学会

『都市に適応したハエの生態』　著／別府 桂（1988）
　　　採集と飼育　50：441-445　内田老鶴圃新社

『誘引液 3 種を用いた新型ハエトラップの捕獲効果』著／小山 正仁・富岡 康浩・神田 健一（2005）
　　　日本家屋害虫学会第 26 回年次大会研究発表要旨集：12　日本家屋害虫学会

『都市害虫百科』著／松坂 沙和子・武衛 和雄（1993）：103-107　朝倉書店

『市街地における公園緑地の昆虫生息に関する研究』著／島田 正文（1985）造園雑誌 48：187-192
　　　社団法人 日本造園学会

『昆虫生息からみた市街地の緑地保全に関する一考察』著／島田 正文（1989）　環境情報科学
　　　18：96-100　社団法人 環境情報科学センター

『都市における自然生態系の再生』島田 正文（1990）環境情報科学 19：35-42
社団法人 環境情報科学センター

『ブルーベリーに発生したオウトウショウジョウバエの生態と防除』著／清水 喜一（2006）
植物防疫 60：103-106 社団法人 日本植物防疫協会

『工場緑地の防虫対策―カイヅカイブキの樹形と飛翔性昆虫個体数の関係―』著／篠田 一孝（1992）
ペストロジー学会誌 7：1-3 日本ペストロジー学会

『緑地と工場防虫管理』著／高橋 朋也・平尾 素一（1986）環境管理技術 4：30-36 文教出版

『ブルーベリーを加害するオウトウショウジョウバエの千葉県における分布および発生消長』著／内野 憲
（2005）関東東山病害虫研究会報 52：95-97 関東東山病害虫研究会

『ヤマモモ果実を加害するショウジョウバエの観察例』著／行成 正昭（1988）
日本応用動物昆虫学会誌 32：146-148 日本応用動物昆虫学会

ノシメマダラメイガ

『昆虫科学読本―虫の目で見た驚きの世界―』編／日本昆虫科学連合
15章 食品包装や容器に侵入するイモムシ 著／宮ノ下明大（2015）：214-227 東海大学出版部

『衛生害虫と衣食住の害虫』著／安富 和男・梅谷 献二（1983） 全国農村教育協会

『都市害虫百科』著／松崎 沙和子・武衛 和雄（1993）都市害虫百科 朝倉書店

都市温暖化　都市気候

『ヒートアイランドの実態とその抑制対策』著／梅干野 晃（2002）
ビルと環境 99：6-20 財団法人 ビル管理教育センター

『東京・京都にみる都市気候の変動』著／小元 敬男（1983）地理 28(12)：26-33 古今書院

『ヒートアイランドと都市緑化』著／山口 隆子（2009）（気象ブックス029） 成山堂

『都市化と気候環境』著／山下 脩二（1983）地理 28(12)：12-25 古今書院

『都市環境学事典』著／山下 脩二・吉野 正敏編 1998 朝倉書店

洋泉社 MOOK シリーズ Start Line 8
『図解・何かがおかしい！東京異常気象』著／三上岳彦（2005） 洋泉社

港区の環境

『ヒートアイランドの実態とその抑制対策』著／梅干野 晃（2002）
ビルと環境 99：6-20 財団法人 ビル管理教育センター

『報告書 環境リサイクル支援部環境課環境指導係』港区（2012）
港区緑の実態調査（第8次） 東京都港区

〈企画〉ブックデザイン／中山 れいこ
編集・構成／アトリ エモレリ　中山 れいこ　黒田 かやの
写真／中野 敬一
🐦：荒井 もみの　中山 れいこ

都心の生物 博物画と観察録

2015年7月31日　第1刷

著　者	中野 敬一
編集解説	中山 れいこ
発 行 者	比留川 洋
発 行 所	株式会社　本の泉社
	〒113-0033　東京都文京区本郷2-25-6
	TEL:03-5800-8494　FAX:03-5800-5353
	http://www.honnoizumi.co.jp
印 刷 所	音羽印刷株式会社
装　　丁	中山 れいこ
制　　作	アトリエ モレリ

© Keiichi Nakano　Reiko Nakayama　2015 Printed in Japan
定価はカバーに表示してあります。落丁本・乱丁本はお取り替えいたします。
（本文中の記述、図表については、無断転載を禁じます）
ISBN978-4-7807-1237-7 C0045